BEI GRIN MACHT SICH IHR WISSEN BEZAHLT

- Wir veröffentlichen Ihre Hausarbeit, Bachelor- und Masterarbeit

- Ihr eigenes eBook und Buch - weltweit in allen wichtigen Shops

- Verdienen Sie an jedem Verkauf

Jetzt bei www.GRIN.com hochladen und kostenlos publizieren

Impressum:

Copyright © 2019 GRIN Verlag
Druck und Bindung: Books on Demand GmbH, Norderstedt Germany
ISBN: 9783668948747

Michel Felgenhauer

Reihenuntersuchung an Modellen kleiner aperiodischer Wellen

Zur Strömungswirklichkeit synthetischer Wasserwellen

GRIN Verlag

Reihenuntersuchung an Modellen kleiner aperiodischer Wellen

Zur Strömungswirklichkeit synthetischer Wasserwellen

Michel Felgenhauer, Berlin 2019

Zusammenfassung. Der Aufsatz behandelt synthetische Wellen und deren Strömungswirklichkeit an und nahe der Phasengrenze. Das Modell einer „aperiodisch-singulären Laborwelle", die durch Ersatzfunktionen vollständig abgebildet wird, existiert. Die theoretischen Grundlagen ihrer Physik sind erörtert. Die aperiodische Laborwelle ist in generalisierten Koordinaten beschrieben und kann sodann skaliert werden. In einer Berechnungsreihe wird die Strömungswirklichkeit unter der Phasengrenze ermittelt. Aus den Berechnungsdaten - sie liegen als Feld vor - werden Erwartungswerte der maximalen und minimalen Orbitalgeschwindigkeiten ihrer vektoriellen Komponenten und abgeleitete Gössen extrahiert und berechnet.

Schlagworte: synthetische Welle; aperiodisches, singuläres Wellenereignis; Störung der Phasengrenze; Orbitalbewegung; resultierende Orbitalgeschwindigkeit, Geschwindigkeitskomponente; Druckkoeffizient.

Summary. The article discusses synthetic waves and their flow reality at and near the phase boundary. The model of an "aperiodic-singular laboratory wave" that is fully mapped by semi-functions exists. The theoretical foundations of their physics are discussed. The aperiodic laboratory wave (LabWave) is described in generalized coordinates and can now be scaled. In a series of calculations, the flow reality below the phase boundary is determined. From the calculation data - they are present as a flow field - expectation values of the maximum and minimum orbital velocities of their vectorial components and derived values are extracted and calculated.

Kleine aperiodische Wellen

Natürliche Wasserwellen stammen meist aus Störungen einer ansonsten ruhenden Phasengrenze zwischen dem gasförmigen und dem flüssigen Fluid. Die Physik der fluidischen Transversalwellen, insbesondere periodische Schwerewellen, die auf See oder in der Brandung auftauchen, ist hinreichend untersucht und gilt als geklärt. Aber es gibt weiterhin schlecht strukturierte Sonderfälle, die sich einer einfachen Beschreibung durch sinusähnliche, periodische Modelle entziehen. Singulären Wellenereignissen, etwa Solitonen[1] ist in den vergangenen Jahren eine besondere Aufmerksamkeit widerfahren. Experimentelle, analytische und theoretische Untersuchungen hierzu fokussieren energetische und geometrische Parameter so genannter Monsterwellen, die Ursache hoher Energiedichte an der Phasengrenze sind und mit den verheerenden Folgen natürlicher Tzunamis im Zusammenhang stehen.
In der Welt der kleinen Wasserwellen kommen singuläre, aperiodische Wellenereignisse praktisch nicht vor. Es ist aus rein physikalischen Gründen sehr anspruchsvoll, selbst im Labor oder im Wellentank kleine, singuläre Wellen experimentell darzustellen. Wozu auch? Und es mag den Leser vielleicht verwundern, dass genau derartige kleine, singuläre, aperiodische Transversalwellen von Interesse sein sollen.
Ein sehr spezieller Fall wissenschaftlicher Aufmerksamkeit behandelt das Jagtverhalten kleiner Hechte.
Viele aquatische und semiaquatische Lebewesen sind an ein Leben an der Wasseroberfläche angepasst. Etliche Arten lauern und jagen in unmittelbarer Nähe der Phasengrenze zwischen Luft und Wasser. Taucht in der Nähe jagender Hechte ein zappelndes Insekt in das Wasser ein, wenden sich die Tiere dem Ort hin, schnellen auf die Beute zu und schnappen sie von der Wasseroberfläche weg. Das ist ein durchaus komplizierter Handlungsablauf.
Der informationstechnischen Verarbeitung eines Wellenereignisses, in seiner Eigenschaft als zeitbasierte Störkontur an der Phasengrenze, kommt beim

---

[1] Ein Soliton ist ein Wellenpaket, das sich ohne Änderung seiner Form durch ein dispersives und zugleich nichtlineares Medium bewegt. Beim Zusammenstoß mit gleichartigen Wellenpaketen kommt es nicht zu einer Wechselwirkung; tritt dagegen eine Wechselwirkung auf, bei der Energie ausgetauscht wird, so handelt es sich um eine solitäre Welle. https://de.wikipedia.org/wiki/Soliton
Allgemein enthält ein Wellenpaket, wie mit Hilfe der Fourieranalyse gezeigt werden kann, harmonische Wellen mehrerer Frequenzen. Ist die Ausbreitungsgeschwindigkeit im Medium bei verschiedenen Frequenzen unterschiedlich, so verändert das Paket mit der Zeit seine Form. Man nennt dies die Dispersion der Phasengeschwindigkeit.

Jagen offenbar eine große Bedeutung zu. Obwohl Welle als auch Lebewesen klein sind, - ein Halbschnabelhecht misst gerade 50 mm - ist das aus dem Strömungsphänomen extrahierte neuronale Signal intensiv und die Strömungswirklichkeit für das (informationstechnische, neuronale) Wahrnehmungsgebaren relevant. Inwiefern energetische Effekte das Bewegungsverhalten der kleinen Jäger beeinflussen können, wird zu klären sein. Untersuchungen werden dann die Frage zum Gegenstand haben, ob passiv-adaptive Prozesse dieser speziellen Strömungswirklichkeit unter Phasengrenze das Jagen der dort lauernden Wesen unterstützen, kurz: entkoppelt der Hecht einen Teil der Energie aus der Welle, die er zum Voran- und Anschwimmen der Beute nutzt? Diese Forschungsfrage ist insofern von großem Interesse, weil beispielsweise der Streifenhechtling (Aplocheilus lineatu; Ordnung der Zahnkärpflinge, Cyprinodontiformes) sogar dann auf Kapillarwellen reagiert, wenn der neuronale, informationstechnische Apparat nicht mehr existiert und alle Seitenlinienneuromasten beseitigt wurden. Ein dieserart habitualer Bewegungskomplex spräche für eine passiv- adaptive Entkopplung von Bewegungsenergie aus der dem Lebewesen angebotenen Wechselwirklichkeit der Orbitalströmung unter der Phasengrenze. Es gibt weitere ungeklärte Fragen hinsichtlich kleiner kaum- oder nichtperiodischer Wellen.

Abb.2: (umseitig) Halbschnabelhecht. Unter der Phasengrenze lauernd in Erwartung eines Strömungssignals, das aus einer Wellenbewegung stammt. ©Mi. Dienst (2019)/ Aquazoo Löbbecke Museum, Düsseldorf/ Berlin; mit freundliucher Genehmigung.

Ich gehe davon aus, dass die Untersuchung derartiger neuronaler und energetischer Phänomene besser gelingt, wenn Wellen als singuläre Störungen der Phasengrenze modelliert werden und in diesem (Ersatz-) Modell die Störung als synthetisches, variierbares Signal verstanden wird. Dieses synthetische Konstrukt nenne ich fortan das Modell einer Laborwelle[2], deren Theorie in [FEL-19] erörtert wird.

Bei sehr kleinen Störungen sind Wellenform und Wellenausbreitungseigenschaften in erster Linie von der Oberflächenspannung des Fluids abhängig. Dies ist bis zu einer Wellenlänge von etwa 10 mm der Fall. Mit steigender Wellenlänge gehen diese Kapillarwellen genannten Wellen in Schwerewellen über, bei denen der Einfluss der Schwerkraft überwiegt[3]. Jene Wellen, die hier untersucht werden wollen, sind klein; ihre Amplituden sind weniger als 20 mm groß, eher kleiner; und sie sind energiearm, was für Kapillarwellen als erste modellhafte Annäherung spräche. Die physikalischen Modelle der Kapillarwellen sind deutlich von strukturmechanischen Ansätzen dominiert. Möchte man sich diesen kleinen Wellen semantisch oder vielleicht sogar praktisch nähern und wirft einen kleinen Stein in den ruhenden See, befürchtet man sofort, dass eine Einordnung als periodische Sinus-Welle nicht unbedingt überzeugt, denn für sehr kleine Amplituden erscheint die Phasengrenze irgendwie „störrig-elastisch", vergesslich über die Laufzeit und unwillig die Information der Störung weiterzugeben. Auch die Umgebung der Störung stellt sich desinteressiert; in der Nähe des Einschlags kehrt die Phasengrenze rasch zur Tagesordnung zurück. Dies spricht für die Einordnung kleiner Wellen als aperiodisches Strömungsereignis. Dagegen spricht, dass eine Recherche wenig bis keine Literatur zu kleinskalig-singulären, aperiodischen Störereignissen an der Phasengrenze gibt. Die Laborwelle ist per Definition ein Artefakt der als

---

[2] [Fel 19-7] Felgenhauer, Mi. (2019) Modell kleiner aperiodischer Wellen. Zur Strömungswirklichkeit synthetischer Wasserwellen. GRIN-Verlag GmbH München, Knr.: v469314.

[3] Kapillarwellen sind Transversalwellen an einer Flüssigkeitsoberfläche, deren Eigenschaften inklusive der Ausbreitungsgeschwindigkeit hauptsächlich von der Oberflächenspannung der Flüssigkeit abhängen. Dies ist bis zu einer Wellenlänge von etwa einem Zentimeter der Fall. https://de.wikipedia.org/wiki/Kapillarwelle

aperiodisches Störereignis an der Phasengrenze kein reales Vorbild hat. Der Fokus unserer Untersuchungen mit der Laborwelle liegt auf dem Wechselwirkungsgeschehen unterhalb der Fluidoberfläche. Kern des Modells ist eine Synthetische Welle aus Ersatzfunktionen. Ein Spline[4] n-ten Grades ist eine Funktion, die stückweise aus Polynomen (n-ten Grades) zusammengesetzt ist. Dabei werden an den Stellen, die zwei Polynomstücke koppeln, bestimmte Bedingungen gestellt, etwa dass der Spline (n-1)-mal stetig differenzierbar sei. Ist der Spline eine stückweise lineare Funktion, so heißt er linear (Polygonzug); analog gibt es quadratische, kubische Splines und dienen der Interpolation und Approximation von Kurven aus vorgegebenen Wertemengen. Die hier verwendeten kubischen Splines sind zweimal stetig differenzierbar. Alle gegebenen Punkte sind Stützstellen der Kurve und zugleich Nahtstellen zwischen den Teilkurven. In den Stützstellen stimmen jeweils sowohl beide Funktionswerte der zusammentreffenden Teilkurven, als auch die ersten und die zweiten Ableitungen an jeder Koppelstelle überein.

Die Modellwelle hat einen geringen Deklarationsaufwand. Die Methode, die Herleitung der Formeln und die graphische Darstellung unten entnehme ich den Berechnungsergebnissen mit einem Programmsystem nach A. Brünner[5]. Das Verfahren liefert Formeln für eine abschnittweise Berechnung der gesuchten Kurve.

---

[4] In the mathematical subfield of numerical analysis, a B-spline, or basis spline, is a spline function that has minimal support with respect to a given degree, smoothness, and domain partition. Any spline function of given degree can be expressed as a linear combination of B-splines of that degree. Cardinal B-splines have knots that are equidistant from each other. B-splines can be used for curve-fitting and numerical differentiation of experimental data. In computer-aided design and computer graphics, spline functions are constructed as linear combinations of B-splines with a set of control points. https://en.wikipedia.org/wiki/B-spline

[5] Herleitung der Formeln und Darstellung G01 nach Brünner, A. / Siehe auch   http://www.arndt-bruenner.de Und ebenda: http://www.arndt-bruenner.de/mathe/scripts/kubspline.htm#rechner.

Synthetische Laborwelle als B-Spline in generalisierten Koordinaten:

Wertetabelle			
	x	y	
1	0	0	
2	0,10	0	
3	0,20	0	
4	0,50	0,80	
5	0,70	-0,50	
6	0,80	0	
7	0,90	0	
8	1,00	0	

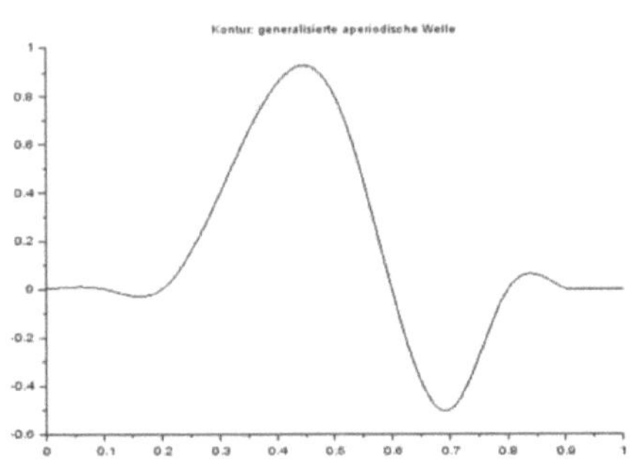

Abb.3: Wertetabelle zur determination der synthetischen Laborwelle als B-Spline in generalisierten Koordinaten.

Intervall   Funktion

x aus [0; 0,1] $y(x) = -26{,}047x^3 + 0{,}26x$

x aus [0,1; 0,2] $y(x) = 130{,}237x^3 - 46{,}885x^2 + 4{,}949x - 0{,}156$

x aus [0,2; 0,5] $y(x) = -94{,}819x^3 + 88{,}148x^2 - 22{,}058x + 1{,}644$

x aus [0,5; 0,7] $y(x) = 233{,}495x^3 - 404{,}322x^2 + 224{,}178x - 39{,}395$

x aus [0,7; 0,8] $y(x) = -496{,}514x^3 + 1128{,}695x^2 - 848{,}935x + 210{,}998$

x aus [0,8; 0,9] $y(x) = 262{,}24x^3 - 692{,}315x^2 + 607{,}873x - 177{,}484$

x aus [0,9; 1] $y(x) = -52{,}448x^3 + 157{,}344x^2 - 156{,}82x + 51{,}924$

Als Code wurde der Algorithmus in der C-basierten Sprache SciLAB[6] implementiert und dient weiter unten als dynamische Datenbasis für alle weiteren Berechnungen. Der Code berechnet des Spline einer Modellwelle in

---

[6] Scilab ist ein umfangreiches, leistungsfähiges und freies Softwarepaket für Anwendungen aus der numerischen Mathematik, das ehemals am Institut national de recherche en informatique et en automatique (INRIA) in Frankreich seit 1990 als Alternative zu MATLAB entwickelt wurde und seit 2003 vom Scilab-Konsortium weiterentwickelt wird. Im Juli 2008 schloss sich das Scilab-Konsortium der Digiteo Foundation an; seit Juli 2012 erfolgt die Herausgabe und Entwicklung durch Scilab Enterprises. 2017 wurde Scilab Enterprises von der Firma ESI Group akquiriert.https://de.wikipedia.org/wiki/Scilab

generalisierten Koordinaten. Die Theorie der synthetischen Welle entnehmen Sie bitte dem Aufsatz [Fel 19-7].

Die Masseteilchen unterhalb der Phasengrenze führen eine Orbitalbewegung mit der Orbitalgeschwindigkeit v_O aus. Wellen über tiefem Wasser generieren nahezu kreisförmige Orbitalbewegungen der Wasserteilchen. In Wasser geringer Tiefe sind die Orbitalbewegungen in der horizontalen Ebene verflacht und etwa elliptisch. Ein Körper in der Nähe der Phasengrenze erfährt also eine zeitlich variante Driftgeschwindigkeit (Massentransportgeschwindigkeit v_U) in der gleichen Richtung der Wellenfortschrittsgeschwindigkeit c. Für die Wellenfortschrittsgeschwindigkeit c gilt mit einer Wellenlänge L, der Wellenhöhe H und einer Wellenfrequenz f=1/T die Beziehung: c=L/T. Die Abweichung von der theoretischen und exakt kreisförmigen Bahn der Orbitalbewegung ist auf die Massentransportgeschwindigkeit v_U zurückzuführen und erzeugt eine spiralförmige Orbitalbahn. Somit können wir eine theoretische Orbitalgeschwindigkeit v_O und eine theoretische Orbitalbeschleunigung a_O ermitteln, der wir unsere weiteren Betrachtungen zugrunde legen.

Orbitalgeschwindigkeit $\quad v_O = (2 \pi r) / T \quad = \pi H / T.$
Orbitalbeschleunigung $\quad a_O = \delta (2 \pi r) / T) / \delta t = \delta v_O / \delta t$

Heute wird in der Praxis die robuste lineare Wellentheorie nach Airy-Laplace (1845) verwendet, die eine der zirkularen Orbitalbewegung eine horizontale Driftgeschwindigkeit in Richtung der Wellenfortschrittsgeschwindigkeit c überlagert annimmt. Airy-Laplace verwendet ein symmetrisches Wellenprofil verwendet und basiert auf der Potentialtheorie; die Oberflächenwellen sind sinudial. Somit können für die instationäre Wellenströmung geschlossene Lösungen für Wellenparameter gewonnen werden, etwa für Größe und Richtung der Orbitalgeschwindigkeiten und der Beschleunigungen. Airy-Laplace geht nicht von einer Tiefenwelle aus, sondern von einer endlichen Bodentiefe d, was unseren Betrachtungen entgegenkommt. Mit Airy-Laplace werden wir für eine beliebige Tiefe y mit (y<L) die Orbitalbewegung beschreiben. Der Orbitalkreis ($A=\pi r^2$) der Tiefenwelle ist somit nur der Spezialfall[7] (a=b=H/2) der elliptischen Bewegung ($A= \pi a b$) der Flachwasserwelle mit dem horizontalen Halbmesser a und dem vertikalen Halbmesser b der Orbitalellipse. Dieserart

---

[7] Die Kreisbewegung ist der Sonderfall der elliptischen Bewegung für y+d > L/2.

gelangen wir zu algorithmierbaren Formen. Die Komponenten der Orbitalbahn in der Entfernung y unter der (Ruhelage) der Wasserwellenoberfläche:

Horizontal   a = H (cosh(2π(y+d)) / L) / (sinh (2πd /L))
Vertikal   b = H (sinh(2π(y+d)) / L) / (sinh (2πd /L))

Die Phasengrenze wird zu einem Extremfall (y=0) und sorgt für Vereinfachungen. In einer euler'schen Welt erhalten wir die horizontalen und die vertikalen Komponenten der Orbitalbahn an der Wasserwellenoberfläche:

Horizontal   a = H (cosh(2π(d)) / L) / (sinh (2πd /L))
Vertikal   b = H (sinh(2π(d)) / L) / (sinh (2πd /L))

Bei der Teilchenbewegung auf einer Ellipse ändert sich der Betrag der Geschwindigkeit kontinuierlich, wenn auch nicht linear. Maximale Geschwindigkeiten werden horizontal am Wellenberg und am Wellental generiert. Am Grund kommt es nach diesem Modell zu einer Überlagerung zweier entgegengesetzt drehender Orbitalbewegungen mit gleichen Radien.
Folgen wir der Argumentation von Airy-Laplace, kann aus der Ableitung des Weg-gesetzes über a, bzw. b die vertikale Geschwindigkeitskomponente $\delta b/\delta t=v$ und die horizontale Geschwindigkeitskomponente $\delta a/\delta t=u$ berechnet werden. Unsere Ausgangsfrage behandelte einen Ort unter der Wasseroberfläche. Wir wollten Strömungsereignisse an diesem Ort beschreiben. Der dargelegte Pfad der Argumentation hat uns nun zu einer vektoriellen Orbitalgeschwindigkeit $v_O=(u,v)$ geführt und wir können nun Aussagen über die Komponenten der vektoriellen Orbitalgeschwindigkeit in der Entfernung y unter (der Ruhelagenebene) der Wasserwellenoberfläche generieren. Die vektorielle Orbitalgeschwindigkeit kann aus den Komponenten ermittelt werden; somit gilt die Beziehung: $v_O^2=u^2+v^2$. Über ein stehendes Objekt unterhalb der Ruhelagenebene (in Euler-Koordinaten) ziehen die Strömungsereignisse hinweg. Wir wollen wissen, was zu welchem Zeitpunkt geschieht. Und wir wollen ermitteln, wie intensiv das Strömungsereignis ist und fassen die Bedrechnungsgleichungen zusammen.

Umfangsgeschwindigkeit am Orbitalkreis	v_O	[m s^{-1}]
Konstante Periode der Orbitalbewegung	T	[s]
Wellenhöhe	H	[m]
Wellenfortschrittsgeschwindigkeit	c = L / T	[m s^{-1}]
Bodentiefe	d	[m]

Wir finden eine vektorielle Orbitalgeschwindigkeit v_O = (u,v) und können nun Aussagen über die Komponenten der vektoriellen Orbitalgeschwindigkeit in der Entfernung y unter (der Ruhelagenebene) der Wasserwellenoberfläche generieren:

Horizontal $u(y) = (H\,\pi/T)\,(\cosh(2\pi(y+d))/L)\,(\cos(2\,\pi\,x/L))\,/\,(\sinh(2\pi d/L))$

Vertikal $v(y) = (H\,\pi/T)\,(\sinh(2\pi(y+d))/L)\,(\sin(2\,\pi\,x/L))\,/\,(\sinh(2\pi d/L))$

Die vektoriellle Geschwindigkeit ist eine intensive Größe[8]. Es ist kein Problem, eine andere intensive Größe, den Druck oder einen Druckbeiwert abzuleiten. Immer dann, wenn wir mit generalisierten Koordinaten arbeiten wollen, können wir Geschwindigkeiten v an einem bevorzugten oder beobachteten Ort auf eine (übergeordnete System-) Geschwindigkeit V∞ beispielsweise aus einer Rand- oder Anfangsbedingung stammend, beziehen. Es entsteht die dimensionslose Geschwindigkeit v/V$_\infty$. In unseren Betrachtungen ist V$_\infty$ gleich der Wellenausbreitungsgeschwindigkeit V$_\infty$=c und die lokale Geschwindigkeit ist die vektorielle, resultierende Orbitalgeschwindigkeit v_O, also: (v/V)=v_O/V$_\infty$. Interessieren uns Druckfelder für jeden Punkt im Strömungsfeld können wir aus der generalisierten Geschwindigkeit (v/V) einen generalisierten Druck herleiten. Dieser Druckkoeffizient cp besitzt einen Gradienten über das Strömungsfeld cp(x,y,z) und wird mit der aus der klassischen Strömungsmechanik bekannten Form aus der lokalen, spezifischen Geschwindigkeit bestimmt. Hierbei wird die Bernoulli-Gleichung dazu benutzt, den Druck aus den Geschwindigkeitskomponenten zu ermitteln.

---

[8] Eine intensive Größe ist eine Zustandsgröße, die sich bei unterschiedlicher Größe des betrachteten Systems nicht ändert. Man unterscheidet hierbei systemeigene intensive Größen, wie beispielsweise Temperatur und Druck, und stoffeigene intensive Größen, wie alle molaren und spezifischen Größen reiner Stoffe.

In der Physik ist eine extensive Größe eine Zustandsgröße, die sich mit der Größe des betrachteten Systems ändert. Beispiele hierfür sind Masse, Stoffmenge, Volumen, Entropie sowie die thermodynamischen Potentiale (innere Energie, freie Energie, Enthalpie und freie Enthalpie).

$$\text{Bernoulli} \quad p0 + \tfrac{1}{2}\,\rho_\infty\,V^2 = p + \tfrac{1}{2}\,\rho_\infty\,v(x)^2 \quad \text{in [Pa].}$$

Für inkompressible Strömungen ($\rho=\rho\infty$) liefert dies den lokalen Druckkoeffizienten $cp(x,y,z)=p(x,y,z)/p_0$ aus einer Beziehung mit der Systemgeschwindigkeit $V\infty$. Für eine skalare Größe verwenden wir den Betrag der vektoriellen Größe $v(x,y)$, der Orbitalgeschwindigkeit aus der Beziehung $v_O^2 = u^2 + v^2$.
Hier zunächst den Druckkoeffizienten cp der sich über die Bernoulli-Gleichung aus einer generalisierten Geschwindigkeit $v/V\infty$ herleitet.

lokaler Druckkoeffizient	$cp(x,y)=p(x,y)/p_0 = 1- (v(x,y)/V\infty)^2$
Generalisierter Druckbeiwert	$cp_O = 1 - (v_O^2/c^2)$

Reihenuntersuchung

Die Berechnungen der Strömungswirklichkeit im Orbitalsystem erfolgen mit dem Programmsystem FlowLab, einer Sammlung von Computercode zur Strömungsberechnung in der C-basierten Sprache SciLab. FlowLab ist eine Entwicklung der Bionic Research Unit[9] der Beuth Hochschule für Technik Berlin und steht unter Weiterentwicklung. Wird das Gleichungssytem wie in der angegebenen Literatur gelöst, können interschiedliche Wellenformen der Analyse zugeführt werden. Für die geometrische beschreibung der Laborwelle habe ich mich für eine (pseudo-) generalisierte Form entschieden. Die Amplituden der Welle werden im Intervall [-1,1] abgebildet, die Wellenlänge im Intervall [0,1].

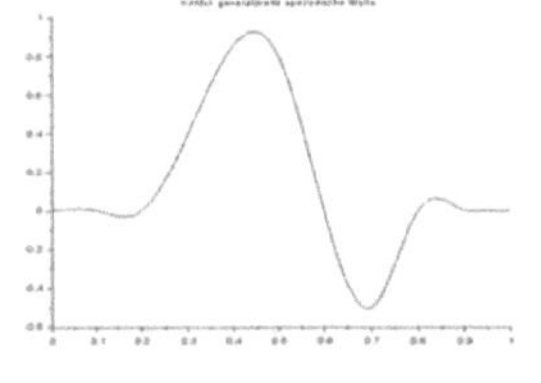

Abb.4: Synthetische Laborwelle als B-Spline in generalisierten Koordinaten.

---

[9] Bionic Research Unit: Forschungsbezogene Fachgruppe für Bionik an der Beuth Hochschule für Technik Berlin. Die Bionik ist eine in die Zukunft weisende, interdisziplinäre Wissenschaft und erfreut sich als Lehrgebiet an der Beuth Hochschule für Technik Berlin bei den Studierenden einer außergewöhnlichen Beliebtheit. Die Bionik wird seitens der Industrie, der Wirtschaft und der bundesdeutschen Bildungs- und Forschungspolitik als eine der Schlüsselkompetenzen der folgenden Dekade angesehen. http://projekt.beuth-hochschule.de/bru/

Durch Skalierung in X- und in Y-Richtung wird die generalisierte Laborwelle zu einem Wellenmodell. In der schematischen Darstellung Abb.2 wird die Welle von links nach rechts gelesen; das bedeutet, dass die Wellenausbreitungsrichtung nach links erfolgt. Die Komponenten der Geschwindigkeit der Orbitalbewegung unter der Phasengrenze sind ein Berechnungsergebnis der Analyse. Aus der horizontalen und der vertikalen Komponente wird eine resultierende Orbitalgeschwindigkeit ermittelt. Die Strömungswirklichkeit unter der Phasengrenze der Modellwelle wird in einem Feld berechnet und abgelegt. Die Dimension des Feldes ist beliebig. Unsere Berechnungen sind in den Dimensionen idim=kdim=100 diskretisiert. Es existiert ein Feld für die horizontale, für die vertikale und für die resultierende Orbitalgeschwindigkeit: $\underline{v}_O = (v_{ORES}, v_{OH}, v_{OV})$. Die Berechnungsergebnisse werden isoplanar als Höhenkarte dargestellt. Abb.5 bis Abb.7 zeigen schematische Darstellungen.

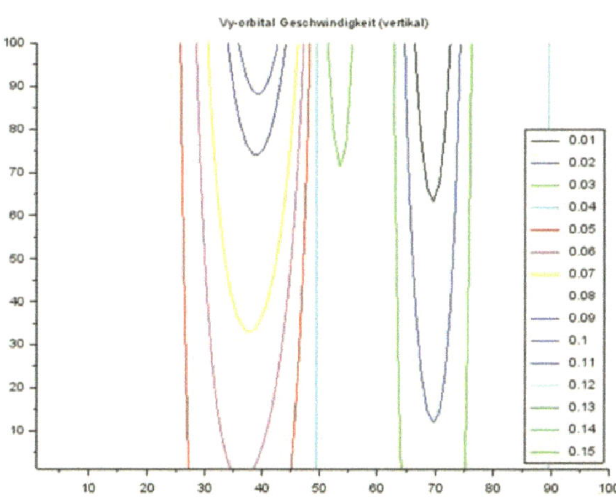

Abb.5: vertikale Orbitalgeschwindigkeit unter der Phasengrenze.

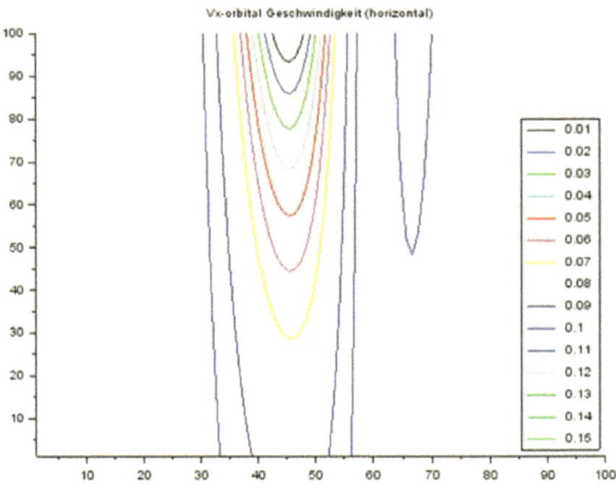

Abb.6: horizontale Orbitalgeschwindigkeit unter der Phasengrenze .

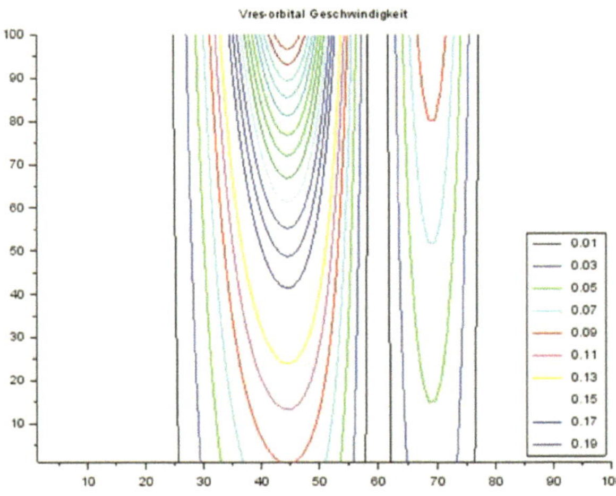

Abb.7: resultierende Orbitalgeschwindigkeit unter der Phasengrenze .

Die schematischen Darstellungen Abb.5 bis Abb.7 der Modellrechnungen zeigen den prinzipiellen Verlauf der Geschwindigkeitsverteilung der Orbitalbewegung unter einer (gestörten) Phasengrenze. Das Programmsystem FlowLab kann die darzustellenden Felder auch auf den RGB-Standard renormieren, Abb.8.

Abb.8.
Geschwindigkeitskomponenten einer Modellwelle dargestellt im RGB-Standard.

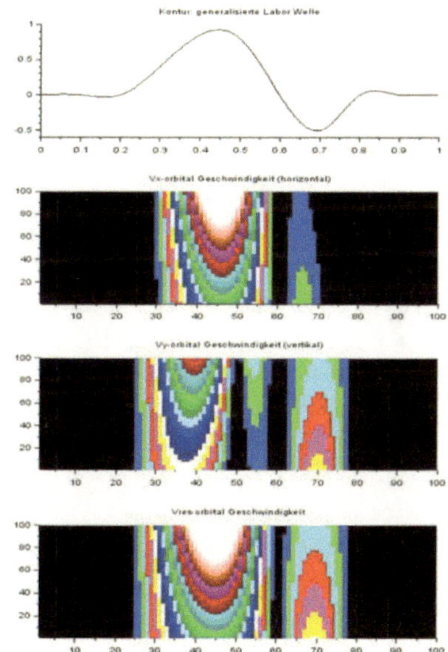

In der RGB-Darstellung ist zu erkennen, dass die horizontale Geschwindigkeitskomponente Absolutwerte und Gradienten der resultierenden Orbitalgeschwindigkeit dominiert.

In der Reihenuntersuchung werden diese drei Felder evaluiert. Von Interesse sind dabei die maximalen und die minimalen Werte der horizontalen, der vertikalen und der resultierenden Orbitalgeschwindigkeit, die ich nachfolgend Erwartungswerte benenne. Die minimalen Erwartungswerte sind mitnichten die kleinsten absoluten Beträge der Geschwindigkeitskomponenten, sondern Geschwindigkeiten mit negativem Vorzeichen, also Komponenten entgegen der vereinbarten Wellenlaufrichtung.

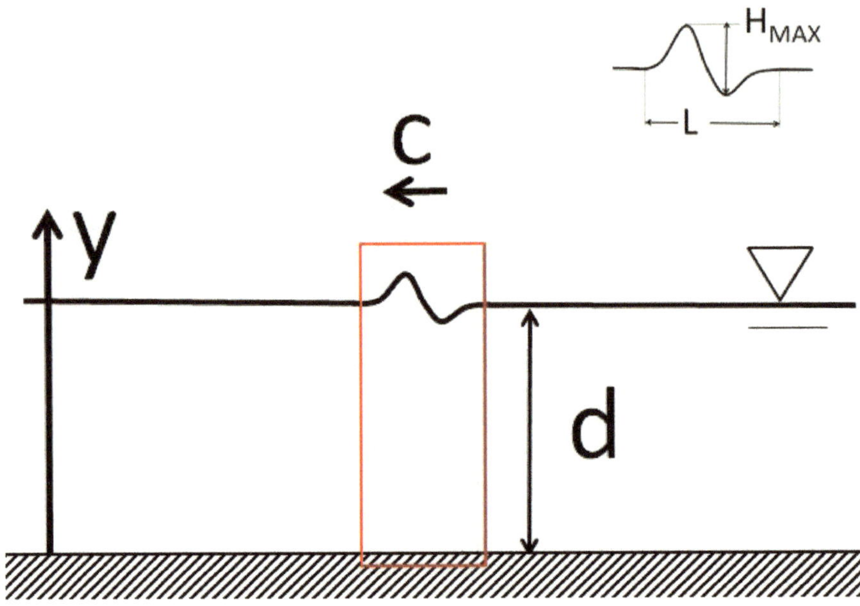

Abb.9: Analysebereich der Reihenuntersuchung des Wellenmodells und primäre Variationsparameter.

Die Reihenuntersuchung dient auch der Kalibrierung des Modellsystemsund um das Ausloten eines Vertrauensbereichs. In erster Linie soll nachfolgend aber grundsätzlich untersucht werden, in welcher Weise Strömungsgrößen unter der Phasengrenze von Wechselwirkungen variierender Parameter abhängen. In der Praxis ist Wellenmodell Plattform zur Exploration unterschiedlicher Szenarien jagender Lebewesen, wie oben beschrieben, die Strömungsgrößen neuronal verarbeiten. Aus informationstechnischer Sicht interessant sind Szenarien aus Kombinationen der zu variierenden Wellenparameter, wie folgt: Gegenstand der Variation sind die Wellenlänge L, die Grundtiefe d, maximale Wellenhöhe H und die Wellenausbreitungsgeschwindigkeit c. Im aperiodischen Fall ist die Periodendauer einer (klassischen) Wasserwelle die Dauer der Störung der Phasengrenze und damit des Strömungsereignisses T=L/c.

Parameter		Variation					
H	m	0.005	0.01	0.015	0.02	0.025	
L	m	0.01	0.05	0.10	0.15	0.2	
T	s	0.1	0.5	1.0	1.5	2.0	
d	m	0.5	0.3	0.1	0.05	0.01	
c	ms^{-1}	1	0.2	0.1	0.067	0.05	

Aus der experimentellen Voruntersuchung realer Wellen ist bekannt, dass sehr kleine Wellen (0.005 < H < 0.01) im Beuteschema kleiner jagender Hechte dominieren; mehr noch: zappelnde Beute signifikante Wellensignale auslösen[10]. Gleichzeitig ist es aber auch sehr interessant zu erfahren, aus welchen Strömungsparametern unter der Wasseroberfläche jagende Lebewesen Ausschlusskriterien abzuleiten vermögen. Wie es um die Verwertbarkeit der Erkenntnisse der Modelluntersuchung steht, werden wir an dieser Stelle (natürlich) nicht untersuchen.

Zunächst interessieren die maximal auftretenden Orbitalgeschwindigkeiten. Es ist dabei weniger relevant, an welcher Stelle unterhalb der Phasengrenze geschieht, sondern von welcher Intensität die „Erwartungswerte" sind. Für Fragestellungen dieser Art sind die oben erörterten Höhenlinienkarten aufschlussreich. Im Programmsystem FlowLab werden die Matrizen der Berechnungsergebnisse nach den maximalen und den minimalen Erwartungswerten evaluiert. Und die Daten in eine Tabelle ausgelesen.

---

[10] Horst Bleckmann (1980) Reaction Time and Stimulus Frequency in Prey Localization in the Surface-Feeding Fish Aplocheilus iineatus. In J. Comp. Physiol. 140, 163-172 (1980)
Nadja Janina Grap (2017) Ethologische Untersuchungen der Wahrnehmung von Oberflächenwellen des Wassers bei Krokodilen, Diss. Mathematisch-Naturwissenschaftlichen Fakultät
der Rheinischen Friedrich-Wilhelms-Universität Bonn.

Variation der Wellenhöhe H, bei konstantem L, T, d					
H	m	H=0.005	H=0.01	H=0.015	H=0.02	H=0.025
L	m	0.10	0.10	0.10	0.10	0.10
T	m	1.0	1.0	1.0	1.0	1.0
d	m	0.3	0.3	0.3	0.3	0.3
c	ms^{-1}	0.10	0.10	0.10	0.10	0.10
Vo_{RESmax}	ms^{-1}	0.0195137	0.0522392	0.1048854	0.1871893	0.3131975
Vo_{Hmin}	ms^{-1}	- 0.0188238	- 0.0503461	- 0.1009915	- 0.1800742	- 0.3010161
Vo_{Hmax}	ms^{-1}	0.0005601	0.0011415	0.0017445	0.0023699	0.0030184
Vo_{Vmin}	ms^{-1}	- 0.0087957	- 0.0206014	- 0.0361894	- 0.0565085	- 0.0827214
Vo_{Vmax}	ms^{-1}	0.0104216	0.0265893	0.0513146	0.0885554	0.1439999
V_{Ores}/c	--	0.195137	0.522392	1.048854	1.871893	3.131975
cp_{OMIN}	--	0.0151	-4.0904	-15.3043	-40.4617	-92.0119
cp_{OMAX}	--	1.0	1.0	1.0	1.0	1.0

Dieserart Tabellen weisen Werte mit einer Mantisse von sechs und mehr Stellen aus. Geschwindigkeiten und Geschwindigkeitsänderungen im ppm-Bereich ergaben physikalisch keinerlei Sinn, ich bitte dies in diesem Text zu entschuldigen; für die graphische Aufbereitung und die Weiterverarbeitung sind sie aber an anderer Stelle gelegentlich hilfreich.

Betrachten wir die Variation der Wellenhöhe H, bei konstantem L, T, d. Mit steigender Wellenhöhe wird gemäß eigener Erwartungen die Strömungswechselwirkung unterhalb der Phasengrenze intensiver.

Einer spezifische Orbitalgeschwindigkeit von ($v_O/c > 3$) für große Werte von H werden wir ungeprüft wohl eher nicht vertrauen, wohl aber dem leicht parabolischen Charakter der Kurve. Die Kurven der spezifischen Orbitalgeschwindigkeit (v_O/c) entsprechen in ihrem Verlauf und Charakter jenen der absoluten maximalen Orbitalgeschwindigkeiten immer dann, wenn die Wellenausbreitungsgeschwindigkeit konstant ist. Genau hiervon ist aber in der Realität nicht auszugehen. Wellenereignisse mit einer maximalen Amplitude von einem bis zu zwei Zentimetern sind (draußen in der bösen Welt) beobachtbar und leicht zu erzeugen.

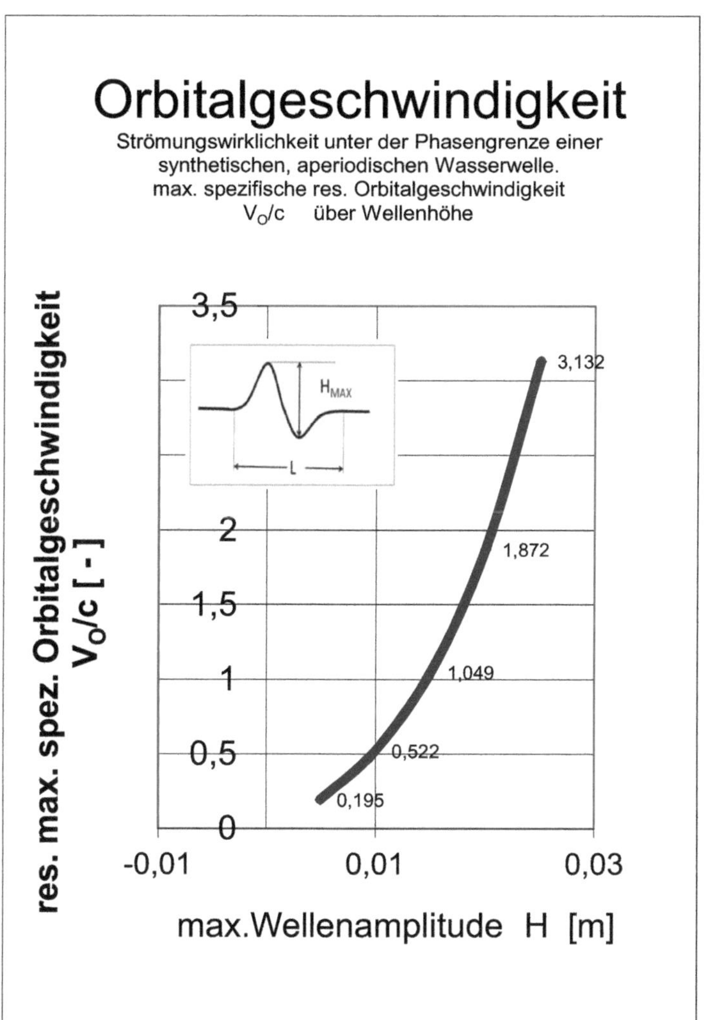

Abb.10: Strömungswirklichkeit unter der Phasengrenze einer synthetischen, aperiodischen Wasserwelle; Erwartungswerte der maximalen spezifischen resultierenden Orbitalgeschwindigkeit V_O/c als Funktion der Wellenhöhe H.

Betrachten wir die Variation der Wellenlänge L, bei konstantem H, T, d. Mit kürzer werdender Wellenlänge wird die Strömungswechselwirkung unterhalb der Phasengrenze intensiver. Ich habe in dieser Kampagne bewusst die vielleicht wenig spektakuläre maximale Amplitude der Modellwelle von H=0.01[m] gewählt, um auf diese Weise die Analyseergebnisse in einem Vertrauensbereich anzusiedeln.

Variation der Wellenlänge L , bei konstantem H, T, d						
H	m	0.01	0.01	0.01	0.01	H=0.01
L	m	L=0.01	L=0.05	L=0.10	L=0.15	L=0.2
T	m	1.0	1.0	1.0	1.0	1.0
d	m	0.3	0.3	0.3	0.3	0.3
c=L/T	ms-1	0.01	0.05	0.10	0.15	0.2
Vo_{RESmax}	ms^{-1}	9.9376909	0.0935947	0.0522392	0.0430109	0.0390274
Vo_{Hmin}	ms^{-1}	- 9.451326	- 0.0900371	- 0.0503461	- 0.0414776	- 0.0376476
Vo_{Hmax}	ms^{-1}	0.0019547	0.0011850	0.0011415	0.0011273	0.0011203
Vo_{Vmin}	ms^{-1}	- 0.3536596	- 0.0282543	- 0.0206014	- 0.0185424	- 0.0175915
Vo_{Vmax}	ms^{-1}	3.733	0.0442777	0.0265893	0.0225762	0.0208432
VOres/c		993.77	1.87	0.52239	0.2867	0.1951

Für Wellen geringer Länge entarten die Werte der Orbitalgeschwindigkeit. Der Vertrauensbereich liegt zwischen {0.05 < L < 0.2} und größer. Die Abnahme der Orbitalgeschwindigkeit mit der Wellenlänge ist nahezu linear. Das nebenstehende Diagramm zeigt neben der resultierenden Geschwindigkeit, wie die horizontale Komponente die Orbitalgeschwindigkeit dominiert. Vor dem Hintergrund unserer Fragestellung (Schnabelhecht, Detektion der Welleninformation) ist das eine gute Nachricht, denn die Anordnung der Drucksensiblen Nervenzellen legt die Wirkung eines horizontalen Beaufschlagungsgradienten nahe.

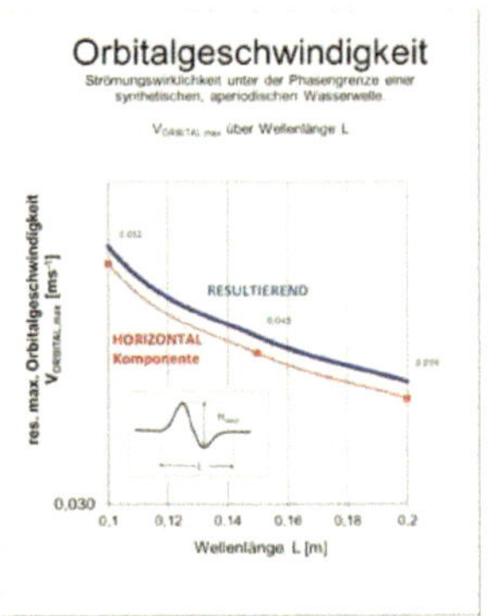

Abb.12: (unten/umseitig) Strömungswirklichkeit unter der Phasengrenze einer synthetischen, aperiodischen Wasserwelle; Erwartungswerte der maximalen resultierenden Orbitalgeschwindigkeit V_O/c als Funktion der Wellenlänge L.

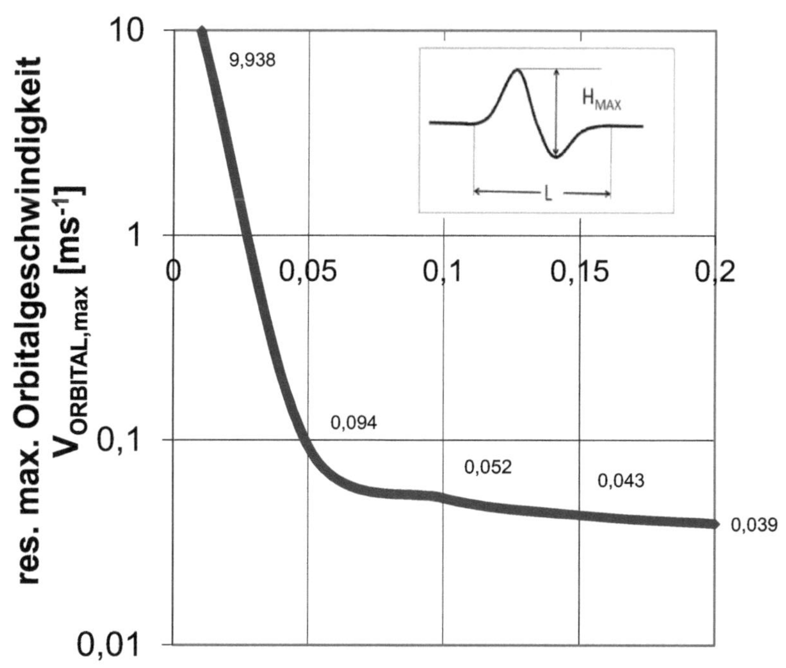
Orbitalgeschwindigkeit
Strömungswirklichkeit unter der Phasengrenze einer
synthetischen, aperiodischen Wasserwelle.

$V_{ORBITAL,max}$ über Wellenlänge

10
9,938
1
0
0,05
0,1
0,15
0,2
0,1
0,094
0,052
0,043
0,039
0,01
H_{MAX}
L
res. max. Orbitalgeschwindigkeit $V_{ORBITAL,max}$ [ms^{-1}]
Wellenlänge L [m]

Ist die Periodendauer kurz, wird das Strömungsgeschehen unter der Phasengrenze intensiv. Dies gilt offenbar auch für nichtperiodische Wellenereignisse. Für Wellenlaufzeiten (T< 0.5 [s]) entarten die berechneten Orbitalgeschwindigkeiten. Dieser Wert markiert damit den unteren Rand des Vertrauensbereichs.

		Variation der Wellenlaufzeit T , bei konstantem L, H, d				
H	m	0.01	0.01	0.01	0.01	H=0.01
L	m	L=0.10	L=0.10	L=0.10	L=0.10	L=0.10
T	m	T=0.1	T=0.5	T=1.0	T=1.5	T=2.0
d	m	0.3	0.3	0.3	0.3	0.3
vo_{RESmax}	ms^{-1}	0.5223924	0.1044785	0.0522392	0.0348262	0.0261196
vo_{Hmin}	ms^{-1}	- 0.5034605	- 0.1006921	- 0.0503461	- 0.0335640	- 0.0251730
vo_{Hmax}	ms^{-1}	0.0114145	0.0022829	0.0011415	0.0007610	0.0005707
vo_{Vmin}	ms^{-1}	- 0.2060138	- 0.0412028	- 0.0206014	- 0.0137343	- 0.0103007
vo_{Vmax}	ms^{-1}	0.2658935	0.0531787	0.0265893	0.0177262	0.0132947

Aus definitorischen Gründen verhält sich die Orbitalgeschwindigkeit gegenüber der Wellenausbreitungsgeschwindigkeit linear. Das sehen wir im schematischen Diagramm rechts. Nehmen wir den Fall einer Wellenlaufzeit von T=0.5[s] bei einer Wellenlänge von L=0.1[m], erhalten wir eine resultierende Orbitalgeschwindigkeit von $v_{O,res}$ etwa dieser Größenordnung, was bedeutet, dass während des Wellendurchgangs der „Orbitalmotor" kurzzeitig genauso schnell arbeitet, wie das (den Vorgang anregende) Erzeugendensystem. Für längere Wellenlaufzeiten verläuft sich dieser Zusammenhang. Überhaupt ist zu beachten, dass die für eine solch kleine Welle vergleichbar hohen Werte der (absoluten) resultierenden Orbitalgeschwindigkeit nur für einen ganz kurzen Zeitraum existieren. Diese hohen Geschwindigkeitsgradienten sollten darauf untersucht werden, ob sie einen energetischen Beitrag zu leisten im Stande sind.

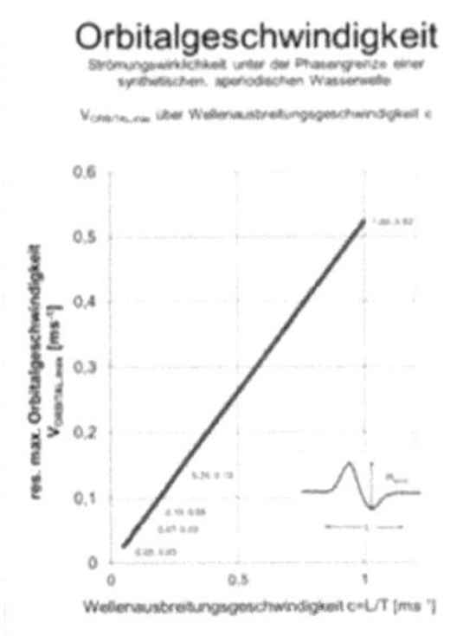

Abb.14: (unten/umseitig) Strömungswirklichkeit unter der Phasengrenze einer synthetischen, aperiodischen Wasserwelle; Erwartungswerte der maximalen resultierenden Orbitalgeschwindigkeit V_O als Funktion der Wellenlaufzeit T.

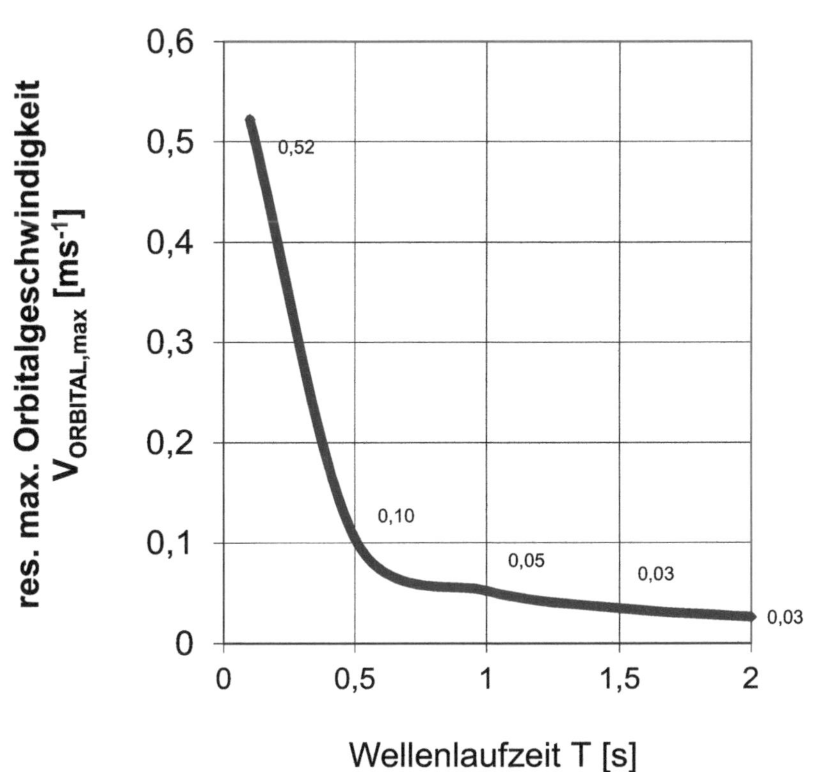
Orbitalgeschwindigkeit
Strömungswirklichkeit unter der Phasengrenze einer
synthetischen, aperiodischen Wasserwelle.
$V_{ORBITAL,max}$ über Wellenlaufzeit T
res. max. Orbitalgeschwindigkeit $V_{ORBITAL,max}$ [ms^{-1}]
0,6
0,5
0,4
0,3
0,2
0,1
0
0,52
0,10
0,05
0,03
0,03
0
0,5
1
1,5
2
Wellenlaufzeit T [s]

Dass hohe Geschwindigkeitsgradienten und damit große lokale Beschleunigungen, einen energetischen Beitrag leisten, ist überhaupt nicht selbstverständlich. Eine große Beschleunigung (mit negativem Vorzeichen) ist das Klatschen. Lokal sind die Beschleunigungen so groß, dass man es hören kann. Dass sie in einem bewegten System durch Klatschen einen energetischen Beitrag leisten, ist möglich, aber schwer nachweisbar.

Variation der Bodentiefe d , bei konstantem L, H, T						
H	m	0.01	0.01	0.01	0.01	H=0.01
L	m	L=0.10	L=0.10	L=0.10	L=0.10	L=0.10
T	m	T=0.1	T=0.5	T=1.0	T=1.5	T=2.0
d	m	0.5	0.3	0.1	0.05	0.01
Vo_{RESmax}	ms^{-1}	0.1044785	0.1044785	0.1044789	0.1047232	0.1567721
Vo_{Hmin}	ms^{-1}	- 0.1006921	- 0.1006921	- 0.1006926	- 0.1009394	- 0.1532764
Vo_{Hmax}	ms^{-1}	0.0022829	0.0022829	0.0022829	0.0022911	0.0040339
Vo_{Vmin}	ms^{-1}	- 0.0412028	- 0.0412028	- 0.0412028	- 0.0412389	- 0.0488800
Vo_{Vmax}	ms^{-1}	0.0531787	0.0531787	0.0531788	0.0532419	0.0666141

Der Einfluss des Bodenabstands auf den Gradienten der maximalen Orbitalgeschwindigkeit ist offenbar gering. Das Geschwindigkeitsniveau der ausgewählten Modellwelle ist allerdings nicht zu vernachlässigen (lokale Orbitalgeschwindigkeit $V_{O,res} > 0.1$ m/s). Auch hier sind die horizontalen Komponenten dominant, ihre orthogonalen Pendants rangieren im Prozentbereich. Dass die Maximalwerte der Orbitalgeschwindigkeit mit der Bodennähe nicht sonderlich variieren erstaunt auf den ersten Blick. Bei näherer Betrachtung sieht man aber rasch ein, dass in einem schrumpfenden Analyseraum die Energiedichte (einfach) zunimmt. Bei gleich bleibender Gesamtleistung einer Welle. Genau dies erklärt ja Brandungseffekte.

Zusammenfassend stelle ich fest, dass das als Laborwelle bezeichnete Wellenmodell singulärer, aperiodischer Störungen der Phasengrenze einen (schon ein wenig unerwartet kleinen) Vertrauensbereich besitzt immer dann, wenn   die Variationen der Wellenlänge L, der Grundtiefe d, maximale Wellenhöhe H, Dauer des Wellenereignisses T oder die Wellenausbreitungsgeschwindigkeit c gemäßigt ausfallen, um nicht zu sagen vernünftig gewählt werden. Zusammen mit dem Code steht mit der Laborwelle ein solides, wenn auch nicht besonders spektakuläres Simulationsinstrument zur Verfügung.

Bibliographie und weiterführende Literatur

[DUB-95]   Dubbel, Handbuch des Maschinenbaus, Springer Verlag Berlin, 15.Auflage 1995.

[Eppl-90]   Richard Eppler: Airfoil Design and Data. Springer, Berlin, New York 1990.

[Fren-94]   French, M.: Invention and Evolution: design in nature and engineering. Cambridge University Press. Cambridge 1994.

[Fren-99]   French, M.: Conceptual Design for Engineers. Berlin, Heidelberg, New York, London, Paris, Tokio: Springer: 1999

[Guen-98]   Günther, B., Morgado, E. (1998) Dimensional analysis and allometric equations concerning Cope's rule. Revista Chilena de Historia Natural 71: 331-335, 1989

[Gör-75]   Görtler, H. Diemensionsanalyse. Berlin Springer 1975

[Hüt-07]   Hütte, 2007, 33. Auflage, Springer Verlag. S.E147

[Hux-32]   Huxley, J.S. (1932) Problems of relative Growth. London: Methuen.

[Katz-01]   Joseph Katz, Allen Plotkin: Low-Speed Aerodynamics (Cambridge Aerospace Series) Cambridge University Press; 2 edition (2001)

[PaBe-93]   Pahl. G.; Beitz, W.: Konstruktionslehre, 3.Auflage. Berlin-Heidelberg-New York-London-Paris-Tokio: Springer 1993

[Shar-69]   Sharma, S.D. 1969 Some results concerning the wavemaking of a thin ship. *J. Ship Research*, **13**, 72-81.

[Zie - 72]   Zierep, J. (1972) Ähnlichkeitsgesetze und Modellregeln der Strömungslehre. Karlsruhe: Braun Verlag 1972.

Anhang: extrahierte Berechnungswerte

Variation der Wellenhöhe H, bei konstantem L, T, d						
H	m	H=0.005	H=0.01	H=0.015	H=0.02	H=0.025
L	m	0.10	0.10	0.10	0.10	0.10
T	m	1.0	1.0	1.0	1.0	1.0
d	m	0.3	0.3	0.3	0.3	0.3
Vo_{RESmax}	ms^{-1}	0.0195137	0.0522392	0.1048854	0.1871893	0.3131975
Vo_{Hmin}	ms^{-1}	- 0.0188238	- 0.0503461	- 0.1009915	- 0.1800742	- 0.3010161
Vo_{Hmax}	ms^{-1}	0.0005601	0.0011415	0.0017445	0.0023699	0.0030184
Vo_{Vmin}	ms^{-1}	- 0.0087957	- 0.0206014	- 0.0361894	- 0.0565085	- 0.0827214
Vo_{Vmax}	ms^{-1}	0.0104216	0.0265893	0.0513146	0.0885554	0.1439999

Variation der Wellenlänge L , bei konstantem H, T, d						
H	m	0.01	0.01	0.01	0.01	H=0.01
L	m	L=0.01	L=0.05	L=0.10	L=0.15	L=0.2
T	m	1.0	1.0	1.0	1.0	1.0
d	m	0.3	0.3	0.3	0.3	0.3
c=L/T	ms-1	0.01	0.05	0.10	0.15	0.2
Vo_{RESmax}	ms^{-1}	9.9376909	0.0935947	0.0522392	0.0430109	0.0390274
Vo_{Hmin}	ms^{-1}	- 9.451326	- 0.0900371	- 0.0503461	- 0.0414776	- 0.0376476
Vo_{Hmax}	ms^{-1}	0.0019547	0.0011850	0.0011415	0.0011273	0.0011203
Vo_{Vmin}	ms^{-1}	- 0.3536596	- 0.0282543	- 0.0206014	- 0.0185424	- 0.0175915
Vo_{Vmax}	ms^{-1}	3.733	0.0442777	0.0265893	0.0225762	0.0208432
VOres/c		993.77	1.87	0.52239	0.2867	0.1951

Variation der Wellenlaufzeit T , bei konstantem L, H, d						
H	m	0.01	0.01	0.01	0.01	H=0.01
L	m	L=0.10	L=0.10	L=0.10	L=0.10	L=0.10
T	m	T=0.1	T=0.5	T=1.0	T=1.5	T=2.0
d	m	0.3	0.3	0.3	0.3	0.3
Vo_{RESmax}	ms^{-1}	0.5223924	0.1044785	0.0522392	0.0348262	0.0261196
Vo_{Hmin}	ms^{-1}	- 0.5034605	- 0.1006921	- 0.0503461	- 0.0335640	- 0.0251730
Vo_{Hmax}	ms^{-1}	0.0114145	0.0022829	0.0011415	0.0007610	0.0005707
Vo_{Vmin}	ms^{-1}	- 0.2060138	- 0.0412028	- 0.0206014	- 0.0137343	- 0.0103007
Vo_{Vmax}	ms^{-1}	0.2658935	0.0531787	0.0265893	0.0177262	0.0132947

Variation der Bodentiefe d , bei konstantem L, H, T					
H	m	0.01	0.01	0.01	0.01	H=0.01
L	m	L=0.10	L=0.10	L=0.10	L=0.10	L=0.10
T	m	T=0.1	T=0.5	T=1.0	T=1.5	T=2.0
d	m	0.5	0.3	0.1	0.05	0.01
Vo_{RESmax}	ms^{-1}	0.1044785	0.1044785	0.1044789	0.1047232	0.1567721
Vo_{Hmin}	ms^{-1}	- 0.1006921	- 0.1006921	- 0.1006926	- 0.1009394	- 0.1532764
Vo_{Hmax}	ms^{-1}	0.0022829	0.0022829	0.0022829	0.0022911	0.0040339
Vo_{Vmin}	ms^{-1}	- 0.0412028	- 0.0412028	- 0.0412028	- 0.0412389	- 0.0488800
Vo_{Vmax}	ms^{-1}	0.0531787	0.0531787	0.0531788	0.0532419	0.0666141

Variation der Wellenlaufzeit T , bei konstantem L, H, d					
H	m	0.01	0.01	0.01	0.01	H=0.01
L	m	L=0.10	L=0.10	L=0.10	L=0.10	L=0.10
T	m	T=0.1	T=0.5	T=1.0	T=1.5	T=2.0
c=L/T	ms^{-1}	1	0.2	0.1	0.067	0.05
d	m	0.3	0.3	0.3	0.3	0.3
Vo_{RESmax}	ms^{-1}	0.5223924	0.1044785	0.0522392	0.0348262	0.0261196
Vo_{Hmin}	ms^{-1}	- 0.5034605	- 0.1006921	- 0.0503461	- 0.0335640	- 0.0251730
Vo_{Hmax}	ms^{-1}	0.0114145	0.0022829	0.0011415	0.0007610	0.0005707
Vo_{Vmin}	ms^{-1}	- 0.2060138	- 0.0412028	- 0.0206014	- 0.0137343	- 0.0103007
Vo_{Vmax}	ms^{-1}	0.2658935	0.0531787	0.0265893	0.0177262	0.0132947
V_{Ores}/c		0.5223924	0.522392	0.522392	0.519794	0.522392

Anhang: Graphen

Alle Diagramme sind Graphen aus eigenen Berechnungen mit dem (selbst entwickelten) Programmsystem FlowLab und damit frei von Rechten Dritter.

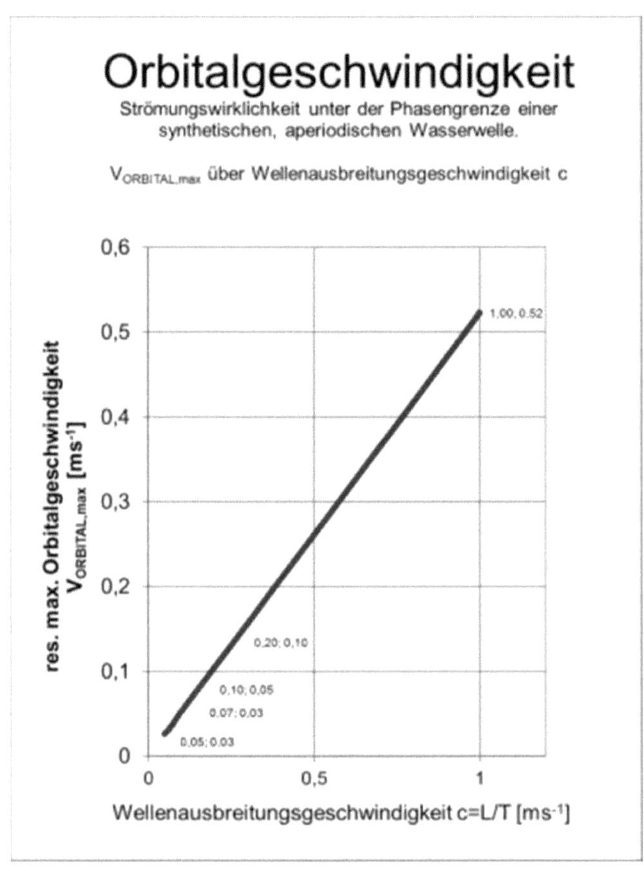

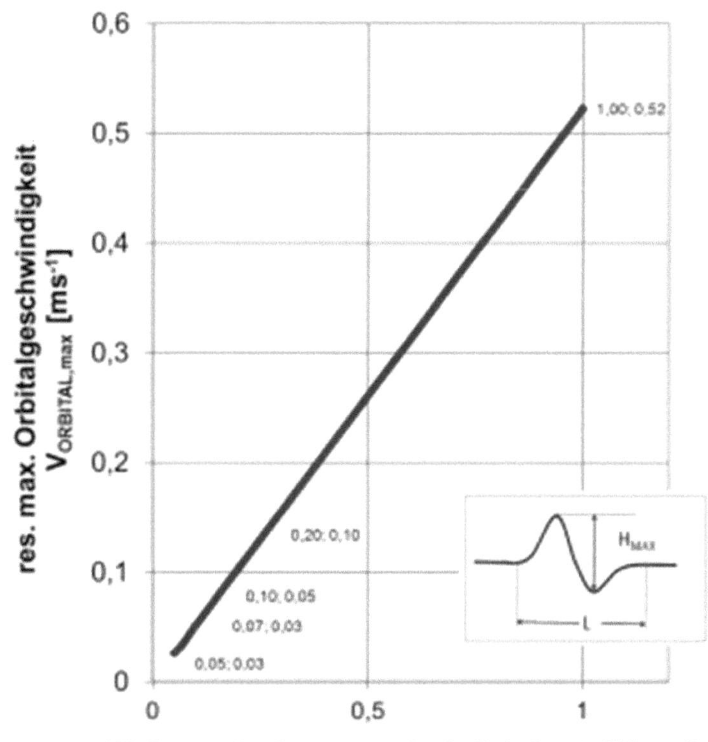
Orbitalgeschwindigkeit
Strömungswirklichkeit unter der Phasengrenze einer
synthetischen, aperiodischen Wasserwelle.
$V_{ORBITAL,max}$ über Wellenausbreitungsgeschwindigkeit c
0,6
0,5
0,4
0,3
0,2
0,1
0
res. max. Orbitalgeschwindigkeit $V_{ORBITAL,max}$ [ms^{-1}]
1,00; 0,52
0,20; 0,10
0,10; 0,05
0,07; 0,03
0,05; 0,03
H_{MAX}
L
0
0,5
1
Wellenausbreitungsgeschwindigkeit c=L/T [ms^{-1}]

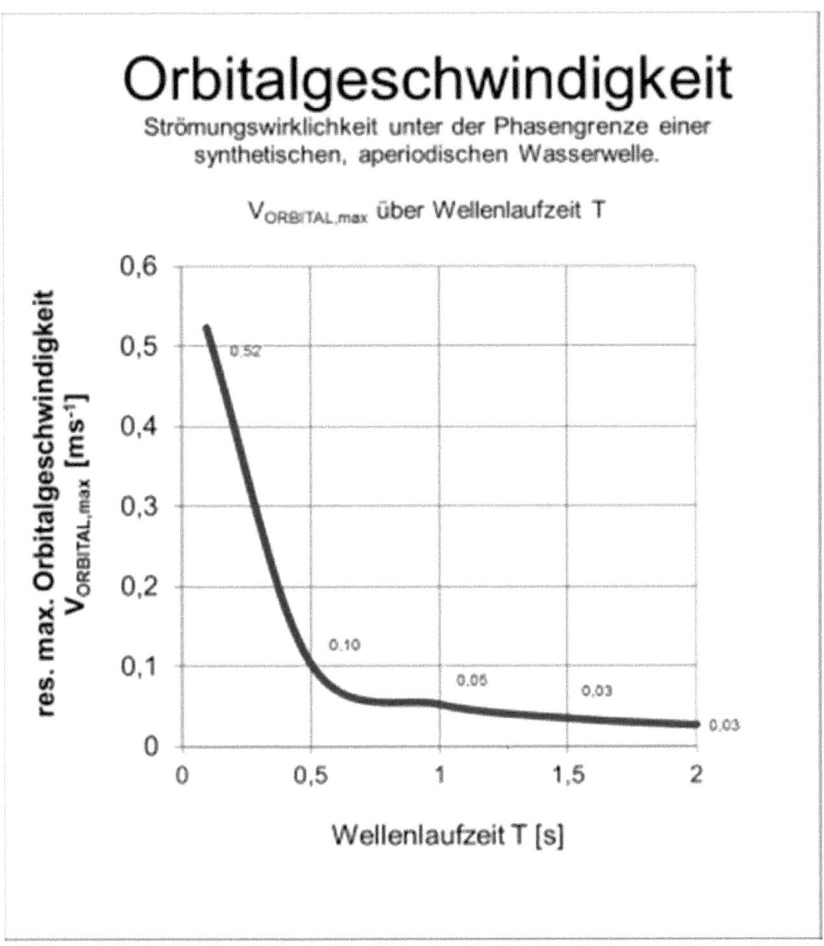

Orbitalgeschwindigkeit
Strömungswirklichkeit unter der Phasengrenze einer synthetischen, aperiodischen Wasserwelle.
$V_{ORBITAL,max}$ über Wellenlaufzeit T
res. max. Orbitalgeschwindigkeit $V_{ORBITAL,max}$ [ms^{-1}]
0,6
0,5
0,4
0,3
0,2
0,1
0
0,52
0,10
0,05
0,03
0,03
0
0,5
1
1,5
2
Wellenlaufzeit T [s]

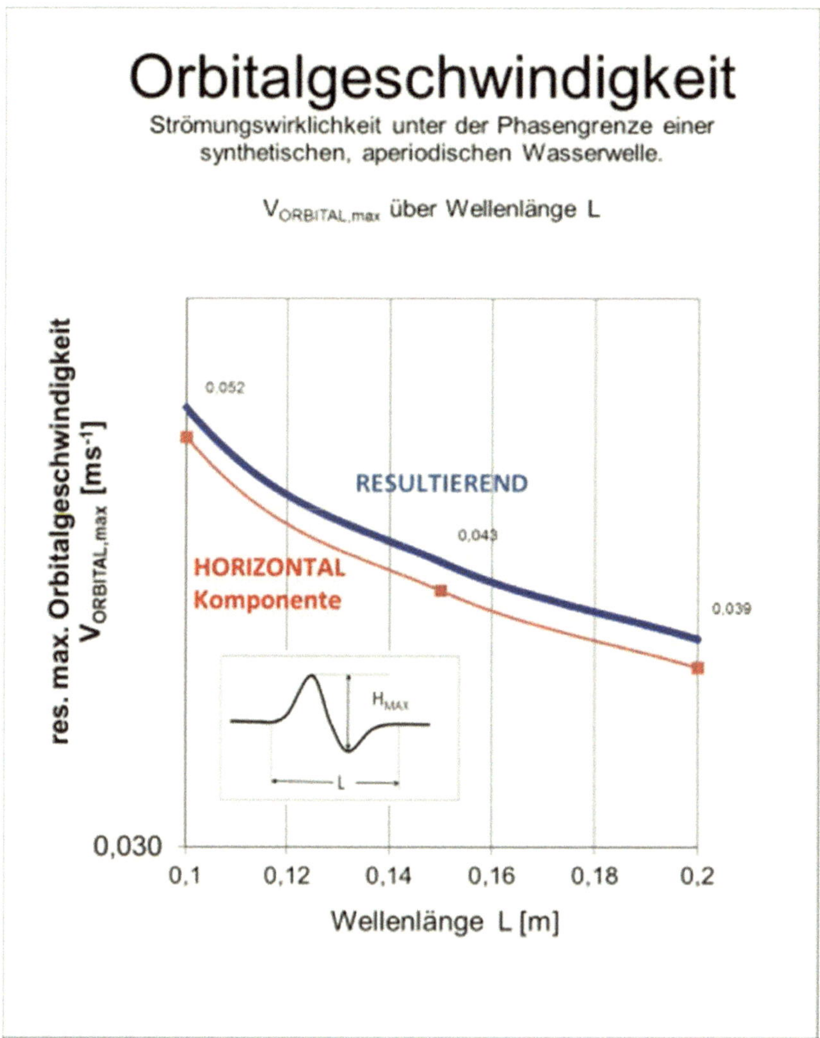
Orbitalgeschwindigkeit
Strömungswirklichkeit unter der Phasengrenze einer
synthetischen, aperiodischen Wasserwelle.
$V_{ORBITAL,max}$ über Wellenlänge L
res. max. Orbitalgeschwindigkeit $V_{ORBITAL,max}$ [ms^{-1}]
0.052
RESULTIEREND
0.043
HORIZONTAL
Komponente
0.039
H_{MAX}
L
0,030
0,1
0,12
0,14
0,16
0,18
0,2
Wellenlänge L [m]

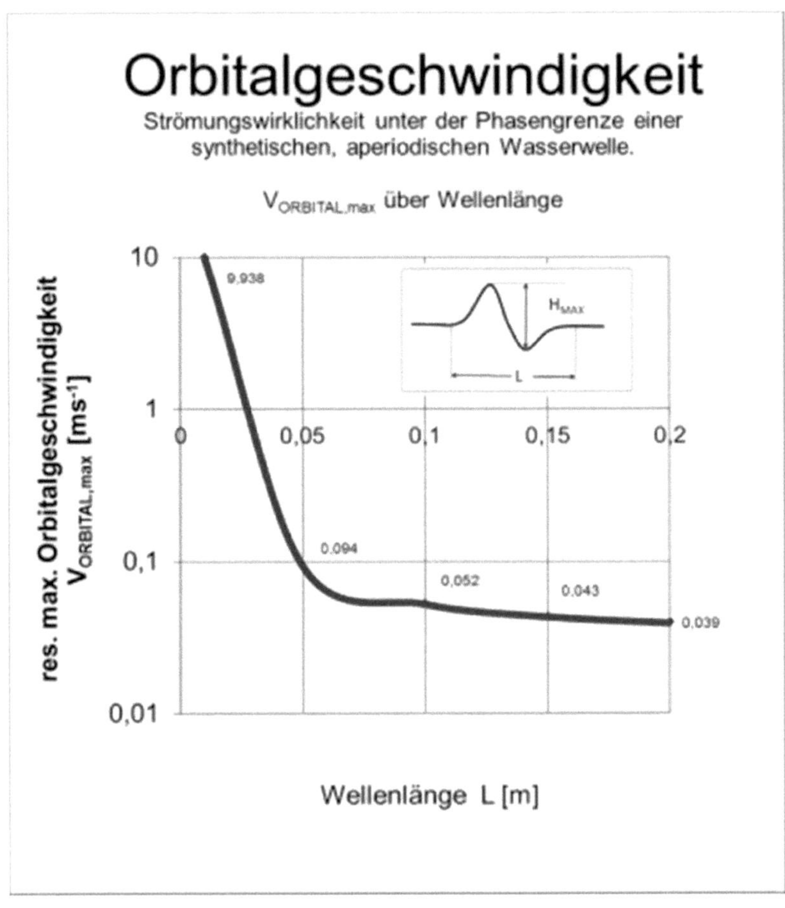
Orbitalgeschwindigkeit
Strömungswirklichkeit unter der Phasengrenze einer
synthetischen, aperiodischen Wasserwelle.
$V_{ORBITAL,max}$ über Wellenlänge
10
9,938
1
0,05
0,1
0,15
0,2
0,1
0,094
0,052
0,043
0,039
0,01
res. max. Orbitalgeschwindigkeit $V_{ORBITAL,max}$ [ms^{-1}]
H_{MAX}
L
Wellenlänge L [m]

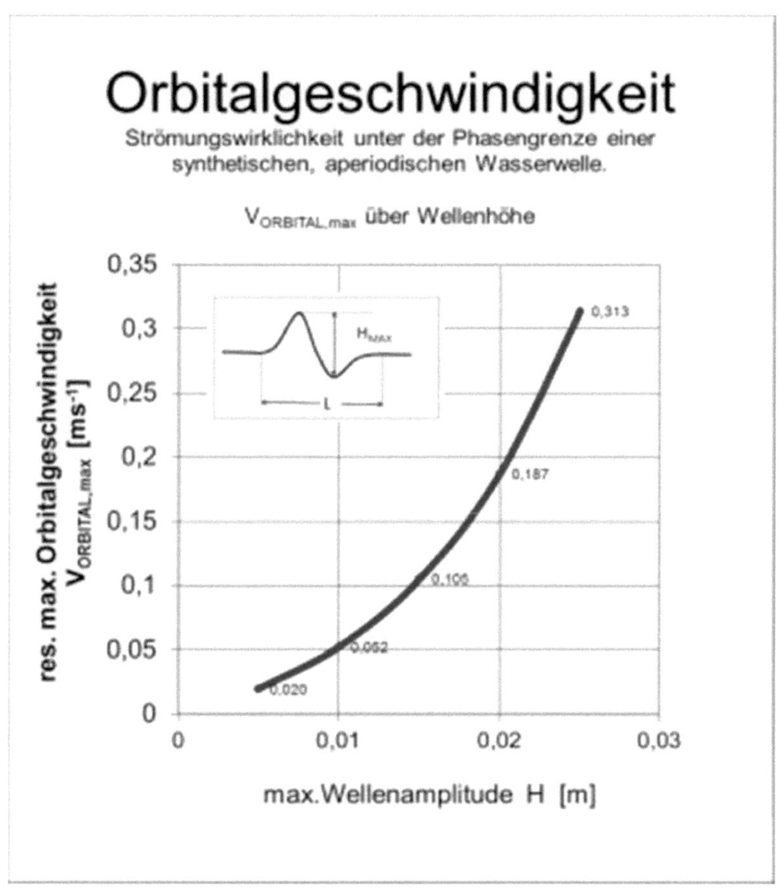
Orbitalgeschwindigkeit
Strömungswirklichkeit unter der Phasengrenze einer synthetischen, aperiodischen Wasserwelle.
$V_{ORBITAL,max}$ über Wellenhöhe
0,35
0,3
0,25
0,2
0,15
0,1
0,05
0
res. max. Orbitalgeschwindigkeit $V_{ORBITAL,max}$ [ms^{-1}]
H_{MAX}
L
0,313
0,187
0,105
0,052
0,020
0
0,01
0,02
0,03
max.Wellenamplitude H [m]

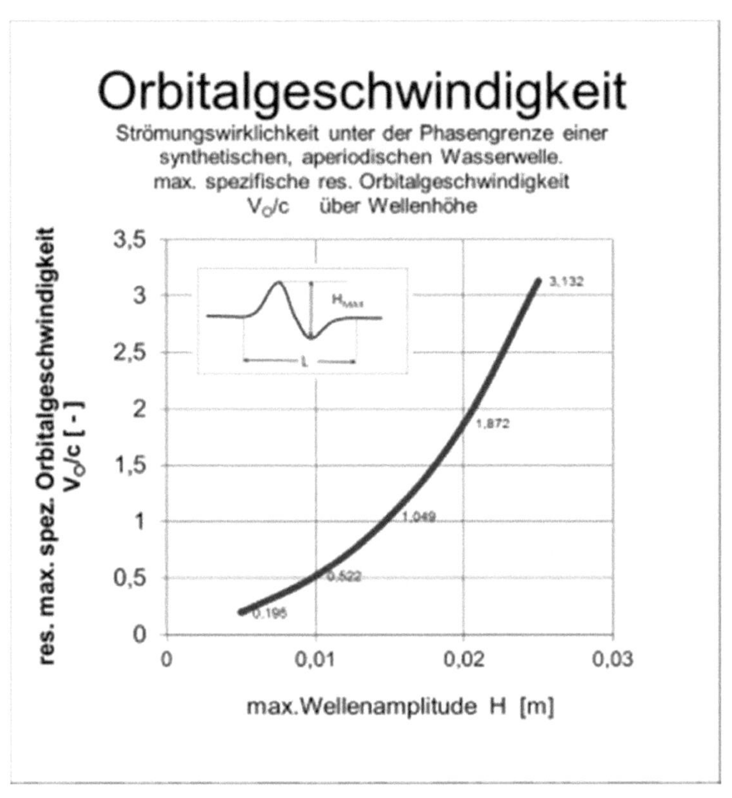

Orbitalgeschwindigkeit
Strömungswirklichkeit unter der Phasengrenze einer
synthetischen, aperiodischen Wasserwelle.
max. spezifische res. Orbitalgeschwindigkeit
V_O/c   über Wellenhöhe
res. max. spez. Orbitalgeschwindigkeit V_O/c [-]
3,5
3
2,5
2
1,5
1
0,5
0
H_Max
L
3,132
1,872
1,049
0,522
0,195
0
0,01
0,02
0,03
max.Wellenamplitude H [m]

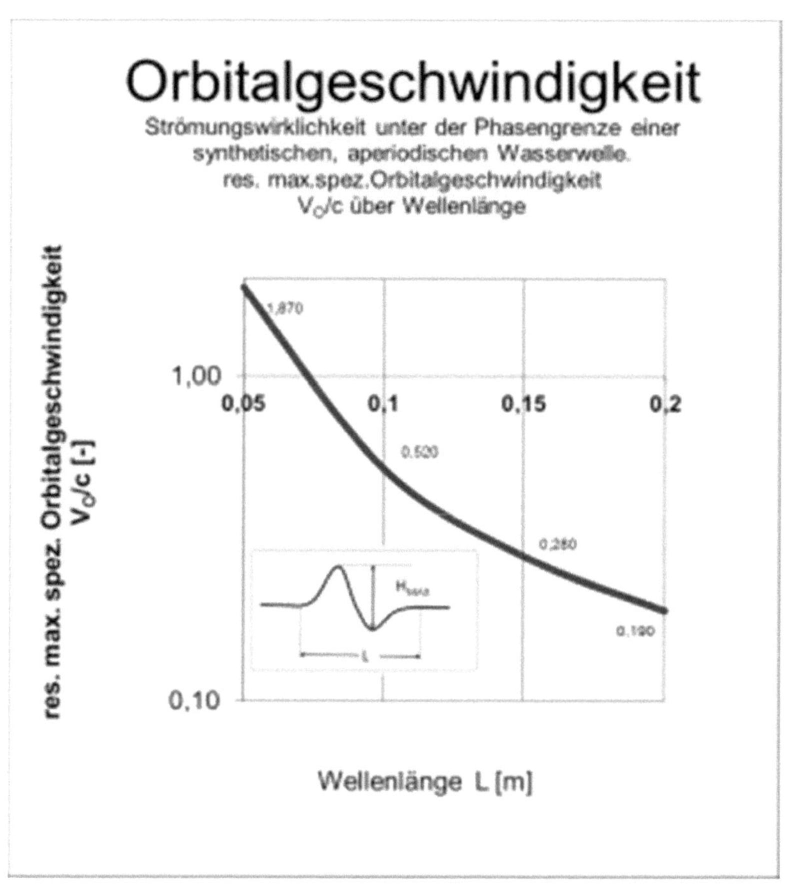

Orbitalgeschwindigkeit
Strömungswirklichkeit unter der Phasengrenze einer
synthetischen, aperiodischen Wasserwelle.
res. max.spez.Orbitalgeschwindigkeit
V_O/c über Wellenlänge
res. max. spez. Orbitalgeschwindigkeit V_O/c [-]
1,870
1,00
0,05
0,1
0,15
0,2
0,520
0,280
0,190
H_{SIG}
L
0,10
Wellenlänge L [m]

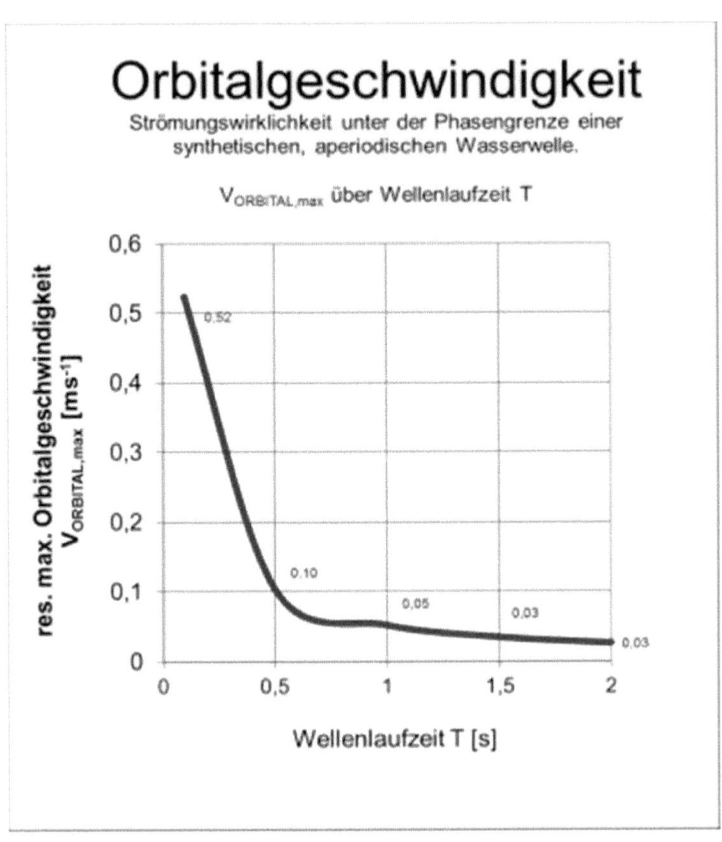

Orbitalgeschwindigkeit
Strömungswirklichkeit unter der Phasengrenze einer
synthetischen, aperiodischen Wasserwelle.
V_ORBITAL,max über Wellenlaufzeit T
res. max. Orbitalgeschwindigkeit V_ORBITAL,max [ms^-1]
0,6
0,5
0,4
0,3
0,2
0,1
0
0,52
0,10
0,05
0,03
0,03
0
0,5
1
1,5
2
Wellenlaufzeit T [s]

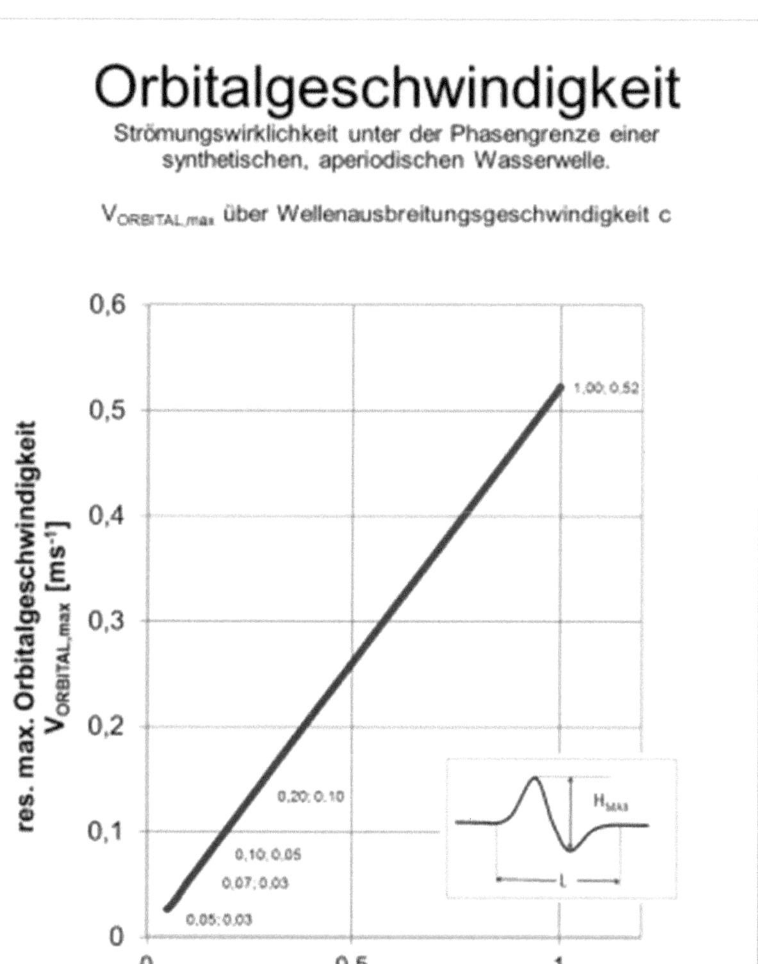
Orbitalgeschwindigkeit
Strömungswirklichkeit unter der Phasengrenze einer synthetischen, aperiodischen Wasserwelle.
$V_{ORBITAL,max}$ über Wellenausbreitungsgeschwindigkeit c
0,6
0,5
0,4
0,3
0,2
0,1
0
1,00; 0,52
0,20; 0,10
0,10; 0,05
0,07; 0,03
0,05; 0,03
res. max. Orbitalgeschwindigkeit $V_{ORBITAL,max}$ [ms^{-1}]
0
0,5
1
H_{MAX}
L
Wellenausbreitungsgeschwindigkeit c=L/T [ms^{-1}]

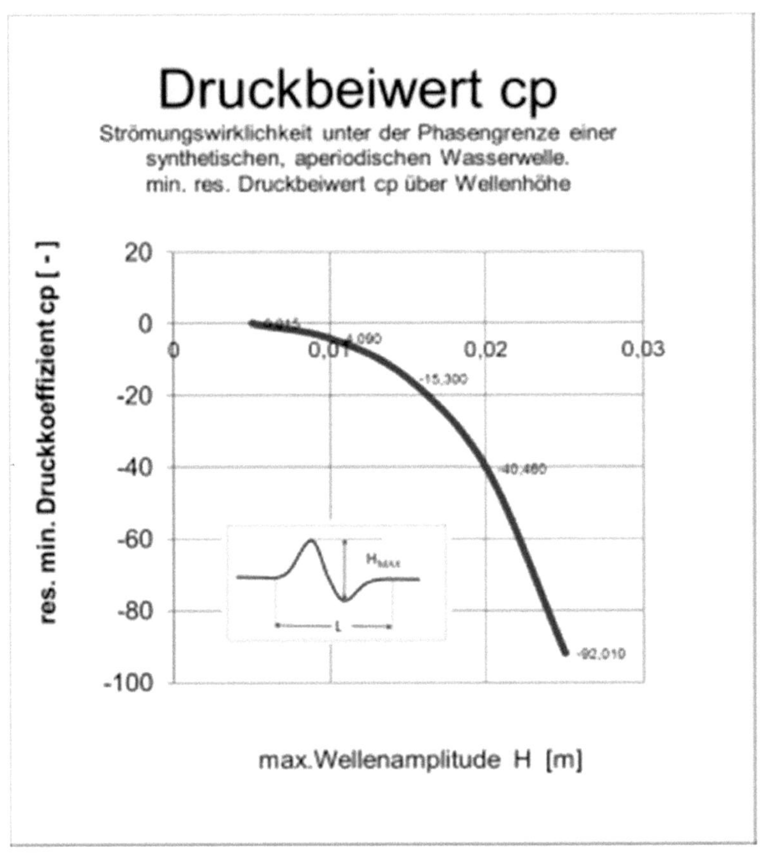

Druckbeiwert cp
Strömungswirklichkeit unter der Phasengrenze einer
synthetischen, aperiodischen Wasserwelle.
min. res. Druckbeiwert cp über Wellenhöhe
res. min. Druckkoeffizient cp [-]
20
0
-20
-40
-60
-80
-100
0
0,01
0,02
0,03
-0,015
-4,090
-15,300
-40,460
-92,010
H_MAX
L
max.Wellenamplitude H [m]

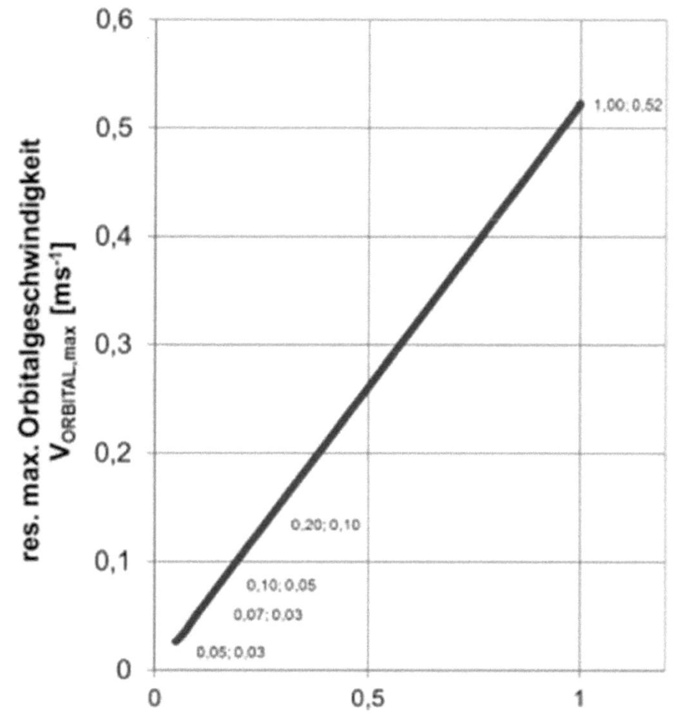
Orbitalgeschwindigkeit
Strömungswirklichkeit unter der Phasengrenze einer synthetischen, aperiodischen Wasserwelle.
$V_{ORBITAL,max}$ über Wellenausbreitungsgeschwindigkeit c
0,6
0,5
0,4
0,3
0,2
0,1
0
res. max. Orbitalgeschwindigkeit $V_{ORBITAL,max}$ [ms⁻¹]
1,00; 0,52
0,20; 0,10
0,10; 0,05
0,07; 0,03
0,05; 0,03
0
0,5
1
Wellenausbreitungsgeschwindigkeit c=L/T [ms⁻¹]

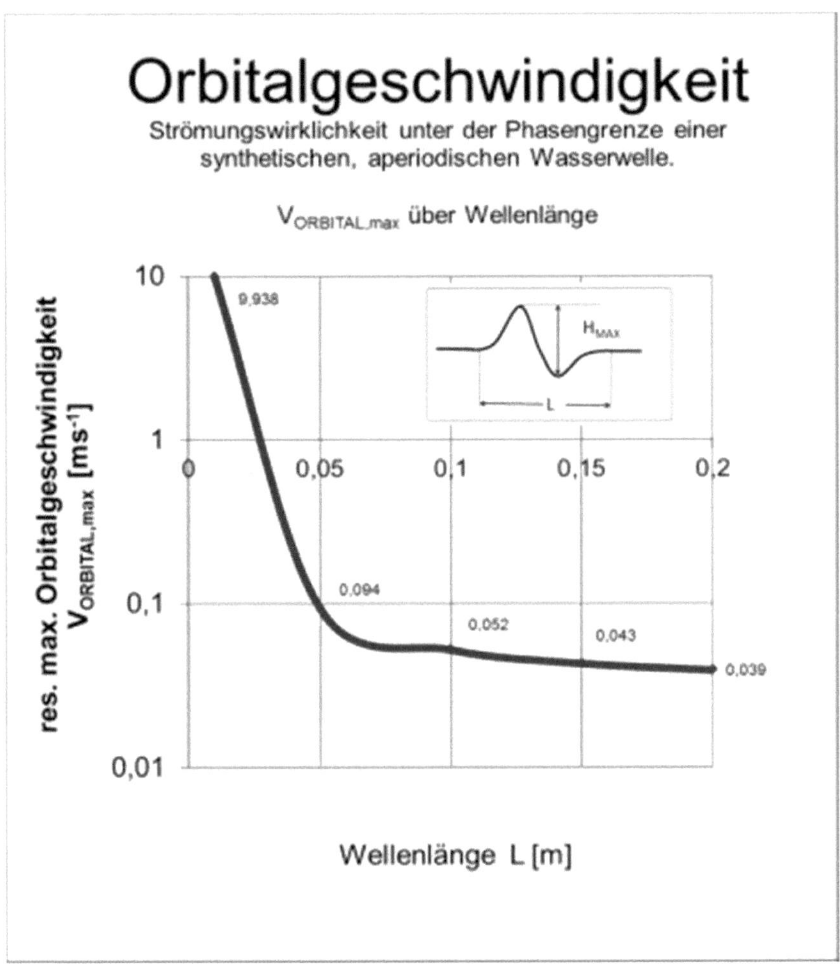
Orbitalgeschwindigkeit
Strömungswirklichkeit unter der Phasengrenze einer
synthetischen, aperiodischen Wasserwelle.
$V_{ORBITAL,max}$ über Wellenlänge
10
9,938
1
0
0,05
0,1
0,15
0,2
0,1
0,094
0,052
0,043
0,039
0,01
H_{MAX}
L
res. max. Orbitalgeschwindigkeit $V_{ORBITAL,max}$ [ms^{-1}]
Wellenlänge L [m]

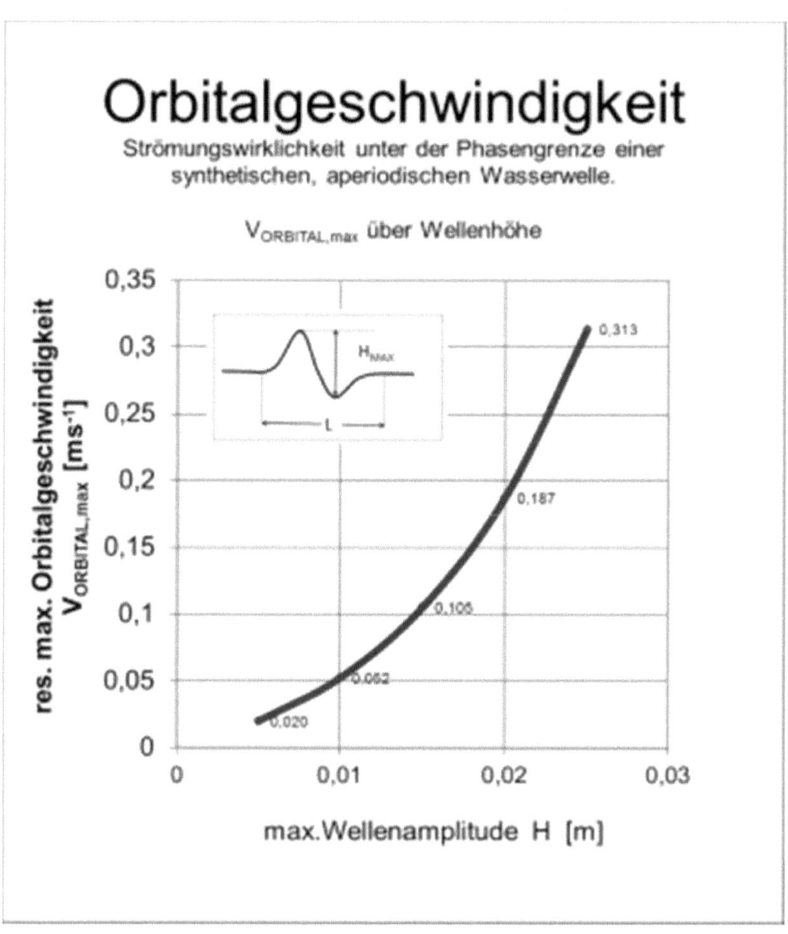
Orbitalgeschwindigkeit
Strömungswirklichkeit unter der Phasengrenze einer
synthetischen, aperiodischen Wasserwelle.
$V_{ORBITAL,max}$ über Wellenhöhe
0,35
0,3
0,25
0,2
0,15
0,1
0,05
0
res. max. Orbitalgeschwindigkeit
$V_{ORBITAL,max}$ [ms⁻¹]
H_{MAX}
L
0,313
0,187
0,106
0,062
0,020
0
0,01
0,02
0,03
max.Wellenamplitude H [m]

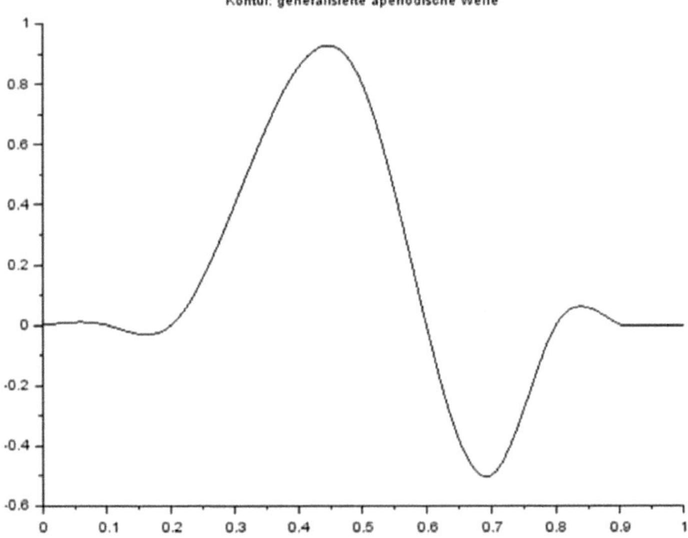

Kontur: generalisierte aperiodische Welle

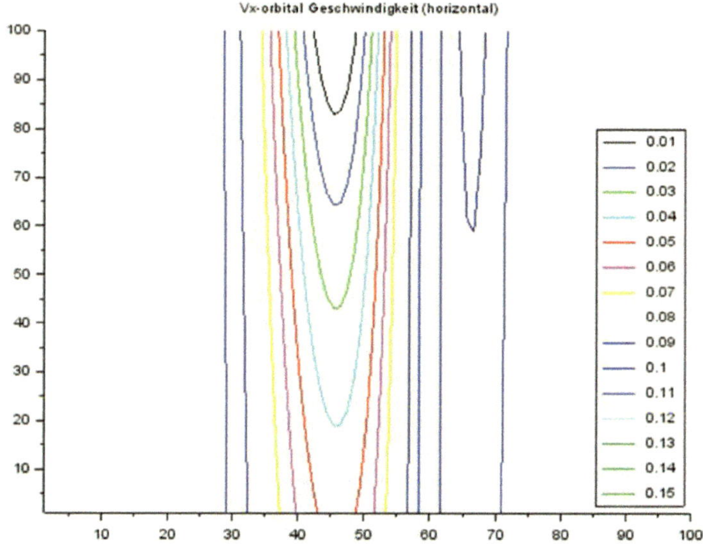
Vx-orbital Geschwindigkeit (horizontal)
0.01
0.02
0.03
0.04
0.05
0.06
0.07
0.08
0.09
0.1
0.11
0.12
0.13
0.14
0.15

Berlin im Frühjahr 2019

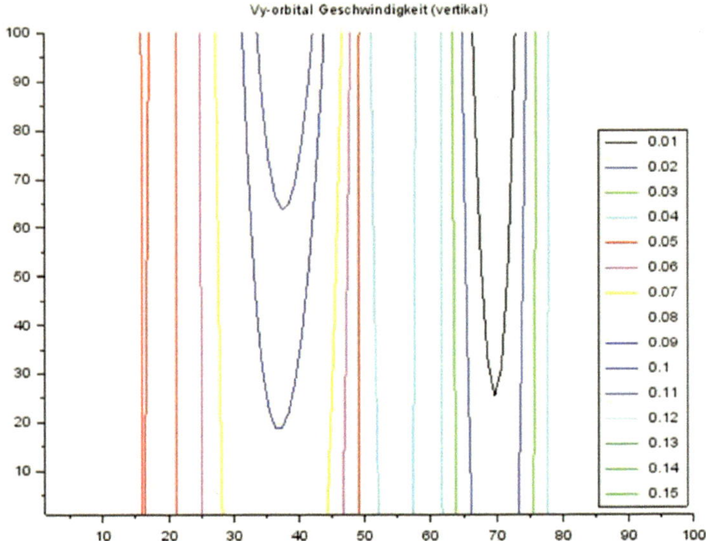

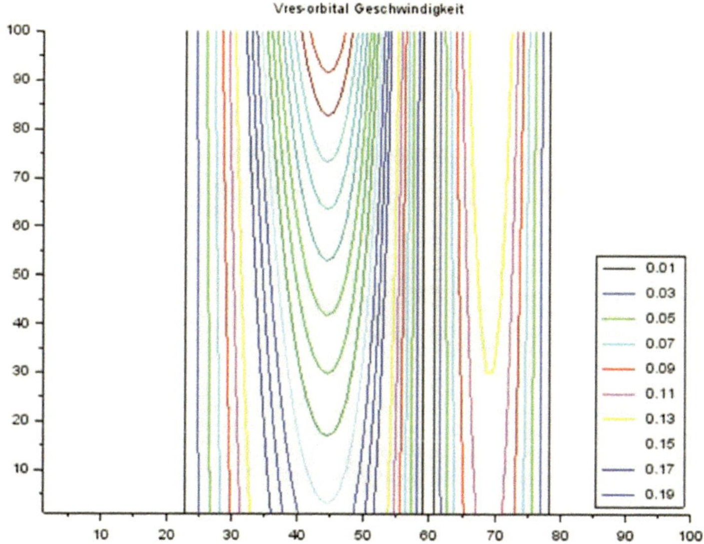
Vres-orbital Geschwindigkeit
0.01
0.03
0.05
0.07
0.09
0.11
0.13
0.15
0.17
0.19

®Alle Bilder, Graphiken und Skizzen sind frei von Rechten Dritter. Alle Berechnungen wurden
mit Code aus dem Programmsystem SciLab V.: 5.5.2. (2019) ausgeführt.

Michel Felgenhauer ist das Pseudonym des Bionikers Michael Dienst aus Wiesbaden.
Ich lebe und arbeite in Berlin, bin Sprecher der Bionic Research Unit der Beuth Hochschule
für Technik Berlin und Dozent für Bionic Engineering am Industrial Design Institut der
Hochschule Magdeburg Stendal. Martha Felgenhauer stirbt 1943 als junge Frau in
Ziegenhals, Schlesien. Die sie kannten sagen, wir seien wesensverwandt. Also erzähle ich
meiner Großmutter Geschichten aus der fröhlichen Wissenschaft. So schließt sich ein Kreis.

Berlin 24. April 2019